开往春天的出租车

黎 笙◎著

人民交通出版社股份有限公司
China Communications Press Co.,Ltd.

内 容 提 要

本书是一部长篇报告文学，系统地回顾了湖北省十堰市顺强运业有限公司的发展之路，深入地介绍了"顺强模式"如何深化体制改革并取得成功的经验。

本书可供出租汽车行业管理人员和从业人员阅读。

图书在版编目（CIP）数据

开往春天的出租车 / 黎笙著.—北京：人民交通出版社股份有限公司，2014. 6

ISBN 978-7-114-11426-7

Ⅰ.①开… Ⅱ.①黎… Ⅲ.①报告文学–中国–当代 Ⅳ.① I25

中国版本图书馆CIP数据核字（2014）第112105号

kaiwang chuntian de chuzuche

书　　名：开往春天的出租车
著 作 者：黎　笙
责任编辑：钟　伟　刘　博
出版发行：人民交通出版社股份有限公司
地　　址：（100011）北京市朝阳区安定门外外馆斜街3号
网　　址：http://www.ccpress.com.cn
销售电话：（010）59757973
总 经 销：人民交通出版社股份有限公司发行部
经　　销：各地新华书店
印　　刷：中国电影出版社印刷厂
开　　本：880 × 1230　1/32
印　　张：5.75
字　　数：95千
版　　次：2014年6月　第1版
印　　次：2014年6月　第1次印刷
书　　号：ISBN 987-7-114-11426-7
定　　价：80.00元

前　言

这是一部将真实性视为最严格原则的长篇报告文学，除人物、事件无一虚构外，即使书中人名也据实保留，可以查实印证。我如此珍视报告文学作品的真实性，一是这是我一直坚守的原则；二是现实生活相当丰富，我坚信真实的感染力。

出租车行业在我国是一个新兴的服务行业，没有成熟的经营模式，多数城市实行的是个体制、挂靠制、承包制，那些的哥的姐们的利润空间得不到保障，即使是当今惠及全民的社会保险，对多数出租车驾驶员而言也难以得到解决。同时毋庸讳言，燃油价格频繁上涨，也造成出租车运营成本不断攀升，影响到了出租车驾驶员的收入，引发不同程度的焦虑情绪。应该看到，这个全国多达400余万人的庞大社会群体的生存问题是一个不可忽视的社会问题。

如何解决他们面临的实际困难？政府研究政策是一方面，行业自身改革顺应新形势是另一方面。湖北省十堰市将这两者结合起来，并在湖北省交通运输厅的支持引导下，经多年摸索，推出了行之有效的“顺强模式”。

本书系统地回顾了湖北省十堰市顺强运业有限公司的发展

之路，深入地介绍了“顺强模式”如何深化体制改革并取得成功的经验。

所谓“顺强模式”，简言之就是彻底根除挂靠制、承包制，清退“梗”在公司和出租车驾驶员的中间层“二老板”，即承包人。这样，一是将驾驶员真正变成企业员工，使其享受与国企员工同等待遇。二是使公司成为真正的投资主体，实现公车公营。

由于十堰市政府主动让利，将五年经营权由以前的拍卖价21万元减至5万元，乘此东风，顺强公司拿出1000多万元回购补偿原车主“二老板”出租车经营权，创新“员工化管理班费制模式”的新体制，他们实施车辆产权和经营权由公司全额投资，让驾驶员变为公司正式员工。此外公司还承担税费、修车费等各项开支，为驾驶员减负。

“顺强模式”当然不止这些，更重要的是在这种经营模式的基础上，公司追求“两个家”人文化目标。在该公司董事长潘华强看来，“两个家”就是首先把公司打造成的哥的姐之家，使每个员工感受到家的安稳、和谐、温馨，这是前提。有了这个家，同时要求的哥的姐把出租车建成为顾客的旅途之家。倘若驾驶员对公司没有“家”的认同，甚至跟公司有对立情绪，扯皮闹矛盾，想要真正搞好为民服务，让顾客认同出租车是他们的旅途之家，是根本不可能的。

显然，在“两个家”的因果关系中，最关键的是把公司建成员工之家。仅靠改善收入增进福利待遇还远远不够，同时必须在提高员工文化素质上狠下功夫，顺强公司适时推出了“八大文化工程”新举措，员工们是如此生动地形容这八大文化工程——

“的哥的姐书屋”是增长知识的加油站。

“的哥的姐网吧”是了解世界的窗口。

“的哥的姐娱乐室”是寓教于乐的乐园。

“的哥的姐艺术团”是陶冶情操的天堂。

“的士岛”是的士停泊的港湾。

“的哥的姐餐厅”是温馨交流的家园。

“的哥的姐培训中心”是培优服务的基地。

“的哥的姐社保劳保工程”是员工福利的保障。

在此简单说明：“的哥的姐餐厅”原来为四星、五星级驾驶员提供免费午餐，为三星级驾驶员提供半价午餐，现在又推出了全员免费午餐。顺强公司对文化建设的投入也很可观，公司网吧拥有600多台品牌电脑；“的哥的姐书屋”藏书达2万多册。为提高驾驶员文化素质，顺强公司每年投入200万元用于职业培训和奖励，还加入在线商学院，请国内外专家、教授授课。

可以说，顺强公司不惜投入大量财力、人力、物力，狠抓文化软实力，为公司发展提供硬支撑。他们长期以来注重党工建设，放手发挥党员的先锋模范作用，“两个家”人文化管理取得显著成效，促进了城市的精神文明建设工作。在历次出租车罢运风潮中，顺强公司经受了考验，全员上岗，没有一辆车停运。

笔者在采访顺强公司的那些日子里，听到了驾驶员许许多多感人的故事，他们的共同点是，说到承包制、挂靠制时，郁闷甚至哽咽，而一提起顺强，畅快的笑声发自肺腑，驾驶员都为身在顺强这个大家庭感到无比自豪。同时，我也看到了顺强的凝聚力和品牌效应，记得采访当地出租车管理所所长时，她中途接了一个是想进顺强开出租车的“友情”电话，她连声说："现在排队排到几百号了，进顺强不知要等多久……"放下电话她无奈地笑笑，说这类电话太多，她都招架不住了，"顺强进个驾驶员如同考个公务员一样难。"

向往顺强，是的哥的姐们希望过上好日子的中国梦。顺强产生的广泛影响，像一个令人振奋的信号，一个已然来临的惊蛰，报告着这个行业的春天正一步步向我们走来！于是，便有了这个浪漫的书名——开往春天的出租车。

目　录

CONTENTS

01 贵阳告急

罢运！！！罢运！！！罢运！！！

贵州告急——顺强公司贵州分公司突现罢运风波。

出了多大的事？有多少辆车罢运？

电话里说不清楚，风潮一起呼啦啦都停运了。

200多辆车全部停运？！

事态严重，突如其来，让人措手不及。

董事长潘华强匆匆放下电话，决定立刻赶赴贵阳。

他吩咐办公室订下当晚武汉飞贵阳的机票，火速拎起公文包，冲出办公室，钻进轿车直奔武汉。从十堰到武汉450公里的路程此刻也不再遥远，仅用了3个小时就赶到了武汉天河机场。

气急败坏？直到稳稳扣好飞机座椅的安全带，他心情才稍稍平静，开始自嘲起来。

两年前的顺境结束啦！顺强顺强，才“顺”了两度春秋，没做到“强”就要完蛋啦？毫无准备说罢运就罢运，一下子就烟消火灭没了动静！

这是2005年。两年前他潘华强的动静可大了，一时成为贵阳的风云人物。当时他手里攥着大把钞票参加了当地第一次出租车拍卖会。台上举槌人喊出5.2万元的高价时，全场静默，有人小声嘀咕，一辆车的经营权这么贵啊！谁都不敢举牌，他潘华强举牌了，一口价毫不含糊，一口气买下了200多辆车！牛，真牛啊！

搅动大海了！拍卖会槌子一落，价格应声而起一路飙升，最后涨到13万元还一车难求。

贵阳当地人听说一个湖北老板买得多，第二天就蜂拥而至，纷纷挤到宾馆找这个昨天还不知道何方神圣的潘老板，买牌子！

倘按13万元的价钱出手，一辆车净赚七八万元，一倒手200多辆车就赚1500多万元！这是天价！钞票找上门，挡都挡不住！可潘老板一口回绝——不卖！放着天上掉馅饼的便宜不捡，而且连眼睛都不眨一下。大家糊涂了，一屋子人都懵了，这个财大气粗、一头乌发的“财神爷”到底想干什么？

他要在贵州开出租车公司。

此时又来了一屋子人，大厅里挤不下就在门外排起了长队。每个人都提着6万元押金来找他签承包合同，有经验的人知道，这个押金不算高，市场上还有交10万元，甚至13万元押金包一辆车的，即便这样，承包的人还是有可观的利润可赚。

就这样一传十，十传百。潘华强的出租车公司一炮打响，生意热火朝天地做起来了。

两年的好光景，顺风顺水，直到2005年4月油价上涨，咔嚓一下卡住了。那些两年前捧着真金白银签合同的承包人不干了，油价上涨我们还赚什么，喝西北风可不行，经济损失该由公司承担！于是罢运开始了，犹如秋风扫落叶，几乎没有一辆不在其扫射范围之中。一天之内所有的出租车都关了引擎、熄了火，一动不动地伏在公司门前，像大瘟疫来临，甲虫们成批倒毙、难逃厄运一般。

看你神通广大的潘老板如何收拾局面？

飞机在贵阳机场降落，跑道两旁的示航灯如流萤般成串向后飞速而去。

步下飞机舷梯时，潘华强已经拿定主意。

坐进前来接他的轿车后，简单问了些情况，即目前有无升级迹象，如砸车举动等。“没有，好的。”潘华强对正在开车的分公司经理说，“明天中午找一家大酒店定它个几十桌宴席。”

“几十桌？”经理问，想了解具体数字。

“全体承包人包括司机，一个不落地都给我请来。”

◎顺强车如振翅雄鹰，整装待发。

C·TA571
C·TA580
C·TA590

“司机也请？”经理疑惑地问道，他觉得要请客就把承包人找来就够了，他们是关键，至于驾驶员，请来也不起作用，何必浪费钱呢？但他没多说，只是问了“司机也请？”那一句。

“能请到的统统请。”潘华强说完就紧紧地闭上了眼睛。

从后视镜里看去，他的脸上映着倏忽掠过的大街的灯影，陷入了沉思。

02 潘董请客

新天地大酒店坐落在该市一条繁华的大街上，平时生意兴旺，顾客川流不息，但今天却少有人光顾。门口的告示牌注明因有大型宴会不接待一般顾客。

这哪是宴会哟！大厅里黑压压的，坐满了人，却鸦雀无声。人人都沉着脸，表情肃穆，像战斗打响前静候敌人前来一般。偶有擦枪走火的，一拳捶着桌子，杯盘随之叮当作响，道："决不答应！"整个会场赴宴同仇敌忾。

在这令人窒息的紧张气氛中，潘华强走进了宴会厅。他笑吟吟地举起酒杯，高声道："各位兄弟、朋友们，辛苦啦！油价上涨，我们把车停到这儿，问题能解决吗？我们不能自己搬石头砸自己脚啊！我们要共度难关！恳请大家立即上路营运，我衷心感谢各位的支持……”

大厅里静悄悄，没有一个人举杯，更没有掌声——都在等待着，这小子要说些什么？！

潘华强连干了三杯酒以示敬意。然后言归正传，他给大家算了一笔账：油价上涨幅度不小，从每公升5.25元涨到6元，现在得从自己口袋里多掏0.75元。谁会没有压力呢？但是不是就赚不到钱了呢？不是！承包人还有赚嘛。这两年营运统计表明，即便油价上涨，承包人每辆车每月还可以赚到3500元左右。

说到这里，潘华强有意停顿了一下。会场开始骚动，嗡嗡的声浪起来了。有人大声发问，老板没算错吧？他笑了笑说：“你可以问问在座的‘二老板’，我没有多算吧？”

见“二老板”一个个都没了精神，潘华强便双手举过头顶扬了扬，示意安静。他继续说：“我们贵州的税费相对较低，每月税100元，养路费才100元。比湖北低多了，那里每月税983元，养路费380元，加减乘除我就不算了，你们自己算一下，你们享受了国家西部地区的优惠政策，还要闹停运，对得起自己的良心吗？”

他有意用“停运”这个词，避开了“罢运”，使语态缓和一点。有人悄悄起身离席了，那是几个“二老板”，带头煽动驾驶员闹罢运的，经潘华强这么一算账，再也坐不住了。

◎潘华强召集业主和驾驶员代表座谈。

见潘老板说的字字在理，都是大实话，大伙也就听进去了。人家老板大老远跑来还自掏腰包请客，有酒有肉，“共度难关”，说的有道理，来来来，干杯！

大厅里开始热闹起来。

潘董端着杯子依次给每个桌子敬酒，热闹的喧哗声一浪高过一浪。

这次罢运就这样消解了。化干戈为玉帛。

但潘华强怎么也没想到，更大的罢运浪潮竟在杯酒言欢中酝酿，仅仅一个月之后便以更汹涌的势头向他袭来。还是因为油价波动。

随着能源危机的加剧，油价频频上涨，其威力之大使全球闻之色变。谁能对此作出准确预报呢？就像预测地震一样，没人敢说大话。你能做的，只是听到油价上涨的消息后摇摇头，无奈地骂几句，然后还得去加油站——你得接受这个现实。

潘华强再度接受这个现实，仅距那次闹事三四十天，随着油价上调，再度掀起罢运风潮。接到来自贵州公司的告急电话，他又一次前往“灭火”。

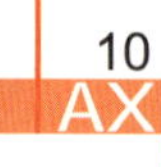

灭不灭得了这场火，说不准。像上次那样摆几十桌显然已解不了这燃眉之急。

退兵之道何在？

思去想来终无良策。他把自己关在贵阳的宾馆里，整整三天，足不出户，饿了就吃泡面。

自囚，像笼中之虎。踱过来踱过去，厚厚的地毯消隐了脚步声，但却无法隐匿那一根根脱落的黑发。

困兽犹斗？抬起布满血丝的双眼望向窗外，阴多晴少的贵州，风云奔走。他咬紧牙关迸出两个字：“罢运！”他要斗倒这个恶魔，这个比他强大得多的敌人！

短短一个多月，竟连续两次暴发罢运！难道仅仅因为油价上涨吗？记得一位外国作家说过：“指责地震是愚蠢的。”喜爱读书的潘华强对这句话印象很深。同样，简单地指责罢运无济于事，归根结底要找出罢运发生的原因。

三天三夜的不眠不休，三天三夜的殚精竭虑，他想明白了三个问题：第一，你指望承包人替公司承担风险是不行的，尽管合同写得比较硬，比较严密，但面对一群人群起而攻之，合同也显得苍白无力。第二，公司收了承包人6万～10万元的押金，他们也是投资人，承担了一定的经营风险，所以承包人有底气找公司扯皮。第三，承包人多数是不开车的，随便找两个驾驶员开一辆车，自己坐在家里每月就有三四千元进账。

此刻眼前突然亮了，犹如夏日雨夜的闪电，他自问，我们为什么非要让这个“二老板”插一手呢？为什么公司不能直接对驾驶员呢？

眉梢的愁云消散，心里有了底，潘华强吩咐公司经理明天——也就是他来贵阳的第4天——到公司召开承包人大会。

“要准备中午宴请吗？”

“不用。”

“开会到中午，那吃饭咋办？”经理问，他记得上次摆酒那漂亮的一仗。

“这次一个也不请！”潘华强说。

经理放下电话还有些摸不着头脑，上次请客一个也不落，这次相反一个都不请！潘董这是唱的哪一出呢？

03 逼上梁山

上午八点半，会议室里人山人海。

潘董开门见山，劈头就是一句："各位承包人，认为自己是在无利经营的请举手。"

面面相觑，大家预料的那些软话、客套话一句也没有，往日和颜悦色的潘董变了脸。要我们表态，表就表！一两个人先举了手，接着大家纷纷跟风举手。

潘董扫视会场，果然不出所料，所有承包人都举了手。他说："那好，既然大家都无利经营，公司也不为难大家，我们现在就解除合同、交回车辆、退还押金！"

解除合同，那么容易吗？谁都知道在商场上一谈到钱，哪个老板肯轻易吐出来！你潘老板肯吐？承包人心知肚明，等着这张王牌出手——这笔钱，可不是一个小数目啊！

潘华强从承包人的眼神中看懂了这一肚子的话，他要跟他们赌一把。

“公司郑重承诺，解除合同后，交回车辆，公司立即全额退还押金！”字字掷地有声。

敢放出这种硬话，这个潘老板不失为一条汉子！大家惊愕之余，报以热烈掌声。虽然心境各有不同，有的是真佩服，有的是要再看一步，能退回押金么，走着瞧。

会开得简明扼要，刚宣布散会潘华强便手一招，几个工作人员赶过来码起一条长桌，搬出合同书等文本开始登记办理手续。谁也不再吭声，排着队一个个交车退押金。动真格啊！

有个承包人临到签字时，犹豫起来，怎么真的退车了，不对啊！

“签吧，后面还有那么多人等着呢！”工作人员笑眯眯地说。好像在办一件喜事！

中计了，退车退款就是个计谋！

“我不退了！”放下签字笔转身往外跑。

“哎，你回来，为啥不退了？”潘华强喊住了他，“总要说个道理嘛！”

道理，明摆着嘛。他站得远远地说：“我们还有钱赚，我们不退了！”话音在会议室外的走廊里响起，颤抖而悠长。

后面排队的人似乎醒转过来，有钱不赚，还退什么车？傻呀！队形一下乱了，大家争先恐后往门外跑。

经理见状，扬起手里一摞钞票喊道："退现金呀，你们不要了？"

没人回他的话，好像世界上最愚蠢的事就是在退车退款本上签名。

一转眼，承包人跑得精光。

窗外有个承包人喊话："我们也是一时冲动，现在就去开工！"

潘华强看了一下签字本，退车的和不退车的约各占一半。

"收回的上百辆车停着怎么办？损失大呀！"有些犯愁的经理问道。

潘华强心里早已有了底，要在根子上做文章。他笑了笑说:"不着急，停他个一年半载也没关系。"

好大的口气！不错，这将是一篇大文章，他今天做的仅仅是写了第一行。

可第二行怎么写？遇到罢运就赶紧跑到现场救火，请客说好话，或者谁愿意退出就收车退押金了事？这些应急措施，解决不了根本问题。

关键在"二老板"。"二老板"这名字叫得怪，老板就老板，多出了个"二"。潘华强认为问题就出在

“二”字上——两个和尚抬水吃，老二不好好抬，说撂挑子就撂挑子，让你干瞪眼。一老板是谁，公司嘛。原本是唯一，却弄成了第一，后边就跟上了个第二，“二老板”，是你吆喝来的。公司从政府那儿竞买到车辆的经营权，就搞承包制，赚承包费。这个办法简单省事。一吆喝，钱来得快，向承包人收押金少则五六万元，多则一二十万元，邪乎的敢飙到二三十万元呢。反正是一个愿打一个愿挨，生意就做成了。“二老板”一下拿出这么多钱，不是割自己的肉吗？也不是，他也吆喝，又

◎2008年12月，十堰召开公司化经营员工制管理推进会，推广顺强模式。

转包给驾驶员，其实是驾驶员出的钱。

道理一清二楚，承包人所交的高额押金实际上是从驾驶员身上搜来的，这样层层加码，承包费也渐次升高，情况就搞复杂了，危如累卵。一旦市场波动，承包人利益受到影响，就鼓动驾驶员起来闹事，因为驾驶员是他请的，这些开车的人利益也牵扯在内，焉有不闹之理。何况驾驶员直接跟“二老板”打交道，形成人身依附关系，“二老板”给车你开就有口饭吃，不行就给别人开，有的是人来顶替你。怕失去饭碗的司机敢不听“二老板”的吗？

三张皮：公司，“二老板”，驾驶员。

不正常啊，这叫什么理呀！

究其原因，是体制上出了问题。个体制、挂靠制、承包制，这些落后的体制决定了行业的脆弱性，经不起风吹草动，市场一“咳嗽”，出租车行业就“高烧不退”。动不动就罢运，成了多发症，频频发作。

目前，全国同行业大多数都是采用这种落后的挂靠制、承包制，维系着被动的局面。但凡出事，闹罢运了，就只有一种选择——退让。

一味退让终究不是良策。

要从根本上解决问题就必须清退“二老板”。他们是吃利润的中间层，不干活坐享其成；又是隔离层，使公司与驾驶员无法直接对话，领导不了这些第一线人员；“二老板”还是最大的变数，由于他们中多数自己不开车，为了维护一己之利，对下面抠门，克扣驾驶员利益，社保劳保更谈不上，而且驾驶员弄不好就要被解雇，成为失业人员。对公司对政府，“二老板”也习惯于来硬的，摊开罢运这张王牌迫使对方让步。由此尝到了甜头，上顶下抠支撑着自己的利益空间。

并不是说“二老板”都是坏人，由于经济利益驱动，他们不得不这样做。从某种意义上说，他们也是被迫如此。

“二老板”就这么个活法。

到了2005年春天，终于有人站出来说“不！”——这人就是潘华强。

他要对奄奄一息的承包制动刀子！锋芒所向，首先是拿掉“二老板”这个中间环节，应该说这不算太难。难的是他自己同时要被割一刀——必须清退巨额押金，承受惨重损失。这个考验摆在他面前，不容回避。

04 改革之路

在人们眼里，从事出租车行业的，就是现代版的“骆驼祥子”，是“社会最底层的人”。而潘华强却认为，的哥的姐们是最了不起的人，他们早上迎接第一个早起出门的人，夜晚送回最后一个回家的人，他们代表城市的窗口，没有他们就没有城市的现代文明。他认为，人们对的哥的姐的误读，其实也是全社会的共性问题。只有让这个容易被社会忽视的群体生活有保障、精神有寄托，提高他们的素养，才能从根本上改变行业形象，从而走上长治久安、健康稳定的可持续发展之路。

想到这里，潘华强心中目标变得明确起来。一是要把驾驶员真正变成企业员工，为驾驶员让利，让驾驶员享受与国企员工同等待遇。二是要让公司成为真正的投资主体，不玩虚的，不能搞名义上的公车公营，而实际上还是挂靠承包。

看准了就决不动摇的潘华强，就这样走上了大刀阔斧的改制之路。

要说他完全是自愿选择这条改制之路并不准确，或者说不全面，用潘华强自己的话说，是逼出来的。随着改革开放的不断深入，各种深层次的矛盾逐渐显露，比如贵州两次罢运风潮，促使他必须面对危机，寻求解决之道。而第三次危机爆发，成为一股强劲的动力，推动他火烧眉毛般加快步伐，在改制路上日夜兼程了。

那是在2005年10月，距贵州风潮不到一年，十堰这边又闹开了。

事情是这样的，2004年年底国务院出台了关于规范出租汽车行业的国办发81号文件，提出了不得拍卖、不得超规模、不得超限价、不得委托、不得对个体等五个“不得”。2005年10月，十堰有将近一半的出租车到期后政府推行公车公营改革，出台了“定向定价协议出让，公司购车原经营业主优先承包”的新政策。定向是政府不再搞拍卖，把经营权定向出让给公司。定价是政府让利，五年经营权由以前拍卖价21万元变为现在的5万元。

报纸公告的第二天，未到期的经营业主不干了，他们对优先承包不感兴趣，原因是他们的经营权是两三年前以五年21万元竞买来的，加上购车共计32万元，压力之大不堪重负。而现在新的出租车经营权定价降为五年5万元，这种差价就像逛商场看见刚买的新衣服突然打了两折，自己花高价上当了！于是就纠结上千人上街闹事。从四面八方大街小巷涌向六堰山的出租车，声势浩大地将政府大楼团团包围。

市长坐不住了。湖北第二大城市十堰交通瘫痪，市民出行受阻，怨声四起，千人罢运的怒气从一辆辆出租车里嚣嚣冲起，车辆的钢铁之阵横七竖八地围成铁桶之势。这等局面，对十堰乃至全省将带来多么恶劣的影响！

闹事的当天下午，市政府副秘书长张荣贵、市交通

◎交通部领导来顺强公司视察，倾听的哥心声。

运管部门领导陈勇、罗凌生立刻让潘华强到政府二楼办公室。形势紧迫，见面就问他有什么解围的好主意。他们都了解潘华强，2001年小潘这个年轻人上书市政府建议推行公车公营改变出租车脏乱差的服务状况，对出租车行业改革表现出很大的热忱。

同样对罢运感到焦虑的潘华强，被市领导这么一问，七上八下的心情反而平静下来，那个反复掂量的改革方案该出台了……他如此这般说了一番。

领导都不约而同地点头。

潘华强的办法是，“二老板”闹来闹去的差价损失可由公司补足。

是啊，这是问题的核心！但差价不是一笔小数，公司愿意承担吗？

不是愿意不愿意，是必须这么做！潘华强表示，顺强公司已经作了决定，再多的钱也得拿出来！

领导们有了潘华强的顺强公司作表率，心里有了底，便在政府内部紧急磋商会上形成决议，以市府名义与闹事儿的代表座谈对话。最后宣布两条办法：一是原经营业主到期后可以优先承包，有优先权；二是原经营业主经营权差价由公司出资回购补差，不让原经营业主吃亏。

闹事者的要求得以满足，罢运的理由不复存在，风波很快得到平息。十堰市的秩序恢复如常，车水马龙，繁华依旧。

为了出租车这道流动的风景线，为了行业改革顺利推进，关键时刻与主管领导的几分钟谈话，潘华强却付出补足差价的380万元巨款！

素来不说空话的潘华强，硬是从银行提出380万元现金，一次付清。

难道一点都不心疼钱？关键是看付出值不值。

值或不值，潘华强有他自己的计算方式。大学毕业当了六年中学数学教师的潘华强能不精于计算？说他精，是会算大账，不计小利。他的大账是什么？拿钱买环境，环境搞坏了、乱了，吃亏的是你自己。罢运闹起来，公司休想赚一分钱。经历了两次贵州罢运风波的潘华强有了教训和经验，变被动为主动，拿钱买平安，何乐不为？

顺强公司给原业主补款不打欠条，这件事很快被别的公司承包业主知道了，喜出望外，认为政府没有忽悠大家，别的公司虽然打白条但迟早会兑现的，这样大家也就平静下来不闹了。这一关平安度过。

风云乍起就设法消解，在“起于青萍之末”时就采取行动。不能等它发展成风暴，这点至关重要。

风潮刚平息，不料几天后又有公司闹起来了。面对新办法推出的出租车，怎么管理？十堰的8家出租车公司各执一词，意见分歧。有的公司要搞租赁制，有的要搞承包制，还有的要搞股份制，归根结底是想向承包人多收押金钱，并且把每月的承包费定得高高的，人家交了高额押金，又要交高额承包费，承包人不干，刚刚才平稳的局面又炸开了锅。

顺强公司这边却稳稳的，井然有序地排着队，没有争没有吵，你谦我让地照章办事。咋？顺强公司文明些？错！人家不搞承包，也不收高额押金，推出一个新做法，叫“员工化管理班费制模式”，公司直接跟驾驶员签订劳动合同，驾驶员成了公司的员工，大家高兴还来不及呢，怎么会闹事儿呢？市运管处罗凌生处长听说顺强公司很稳定，半天内就顺利地签完了合同，便亲自到顺强公司去微服私访，眼见为实，大加赞扬。

吃过苦头的潘董极为关注罢运消息，哪怕相距千里，他也感同身受地在报纸、网上认真阅读，深入琢磨。“城门失火，殃及池鱼”，在信息时代，任何一个地方发生的事件都可能蔓延成为全国性的事件。

从网上看，我国每年都有城市出租车闹罢运。仅以2008年为例，大的罢运事件就有好几起。11月3日，重庆市出租车司机因出租企业与驾驶员利益分配存在矛盾、运价低等原因举行全城罢运。

同年11月10日（仅距重庆出租车罢运一个星期），海南省三亚市上万名出租车司机停止营运，要求政府部门解决目前出租车承包金高、黑车横行、出租车承包合

同不稳定的一年一签等问题。

与三亚市同一天，甘肃省兰州市永登县发生了上百辆出租车集体罢运事件，原因是不满当地大量非法出租车干扰客运市场。

不仅在大陆，特区香港也备受罢运困扰。同年12月8日，香港大约一千名出租车司机于晚间阻挡香港国际机场周围的道路，造成严重交通瘫痪。

罢运并非MADE IN CHINA(中国制造)，西方先进国家也概莫能外。2007年9月5日，为抗议纽约市府要求出租车安装GPS导航系统和乘客触屏信用卡付费装置，纽约市出租车司机工会发起了历时48小时的罢运。

英国也未能幸免。2011年11月9日，英国伦敦出租车司机联合组织成员在特拉法加广场罢工，组织抗议活动，抗议伦敦交通局没有限制非法迷你出租车公司。

我们不能因为外国也发生同类事件就见怪不怪，心安理得，变得麻木不仁。相比西方先进国家，他们拥有上百年的出租车管理经验，营运体制相对先进和完备。起事原因多半出于纠纷，较少涉及深层的社会矛盾。

中国的出租车行业痼疾解决起来难度大多了。闹来闹去还是个根本性问题——机制。

一条新闻报道引起潘华强的关注，他读后心情沉重，久久不能平静。

“围绕出租车经营权而展开的利益之争，从这个行业诞生之日起就没有终止过。从最早的个体运营到挂靠制，再到承包制，始终未能解决出租车行业发展的根本性问题。出租车运营管理制度存在的巨大缺陷，使得出租车行业的管理成为困扰地方政府和有关职能部门的棘手问题。”

目前全国大多数城市仍然实行个体挂靠制、承包制，全国200多万名出租车驾驶员的根本利益得不到保障。潘华强说:“目前这种弊端显而易见，承包制经营使得公司管理鞭长莫及，公司、承包业主和驾驶员三者之间，在利益分配和责权利等方面存在着极不协调的‘三张皮’现象，成为妨碍出租车行业健康稳定发展的根本原因。”

“中国出租汽车行业管理的出路在哪里？”

2001年，他曾就此上书十堰市委书记，建议规范发展出租汽车行业、推行公车公营。他的建议受到当地政府的重视，这个文本至今还保存在政府机关档案卷宗里。但由于牵扯到多方面问题，而不得不被暂时搁置。4年过去了，出租车问题日益突显，十堰市政府为了从根本上解决体制问题，决定对出租车行业推行公车公营的重大改革，政府主动让利，使公司能够伸展拳脚。

“中国出租车行业管理的出路在哪里？”走在行业发展前列的潘华强，用实际行动作出了回答。虽然结果一时还无从显现，但时间终将敞开她的怀抱，几年后把这个孕育成功的丰硕成果端向世人。

2010年，顺强模式轰动中国！

远溯顺强模式的成因绕不过一个数字：200万——全国200多万名出租车驾驶员的根本利益得不到保障。实际不止这个数，潘华强反复查阅资料发觉应是400多万，400多万驾驶员就涉及400多万个家庭。面对这个庞大的群体岂能无动于衷！与其相比他潘华强太渺小了，即便加上贵州等地分公司在内，他的公司共600多辆车，人数2000左右。他所能做的只是解决这么丁点的人和车的问题。然而换个角度思考，他不是拥有一个支点吗？有了这个支点，不是可以撬动更多的人和车，解决更大的问题吗？如果治愈了出租车行业的痼疾，使400多万从业者利益得到保障，不是对社会稳定、和谐发展更有益吗？

05 改行从工

潘华强识大局、顾大体的眼光和胸怀，与他的经历是分不开的。他在东风公司汽车厂这个风云际会的大国企里干了整整10年。那么，一个郧阳中学的数学教师怎么进入了汽车行业？这里还有一段故事。

1988年潘华强突然面临一个选择。这年由于他教的班连续几年数学成绩拿全县第一，教育局要提拔他当副校长。他这下却不安分了，他不想干，想到大城市去。他开始往十堰市跑，看能不能进入那个人人都向往的汽车城。

十堰市地处湖北西部大山沟，原来是个不知名的小镇，位于道教圣地武当山脚下，当年只有寻访飘渺云雾间的道家圣迹的游客，才知晓这个地方。后来，60年代有了“大三线”之说，据说当年毛泽东出于军事的考虑，才详查了这个万山丛中的山沟沟，用手指在地图上点了点，于是一座汽车城拔地而起。那车灯那喇叭组成的工业交响曲，便谱入了山沟沟里穷娃子潘华强的童年梦。现在他要实现当初的梦想了。

事情出奇地顺利。小潘托范老乡送去的资料很全，有自我简介，任教期间的各类荣誉证、获奖证书，还有不少剪报，都是发表过的教学经验总结文章。国企大厂看了这些资料很满意，请他来面谈，嗬，小伙子一表人才，浓眉大眼，总是面带喜悦、笑呵呵的。对话中领导注意到这小伙子回答问题时，不赶着说话，很老成地略加思考后才徐徐道来，措辞也拿捏得相当合体，有分有寸。

的确与一般的年轻人不一样。

“回去等消息吧，很快的！”谈话结束时，领导给潘华强透了个底。

确实很快，仅过了19天，调令来了，是厂领导亲自找到分管人事的副市长作为引进特殊人才特批的。当时十堰市人事调入工作已冻结，原则上不允许进入，把关把得挺严。

潘华强调进的是东风公司汽车改装厂，厂里两千多人，他的工作是担任党委秘书。党委书记就是对他进行面试并为了要他亲自跑去找市长签字的人。书记真是求贤若渴啊！

当上了城里人，还在汽车城里谋了个好位子，乡亲们对潘华强竖起大拇指：这娃子有出息！

小潘铆足劲干开了，进厂不久索性把铺盖搬进办公室，加班写材料。

写材料关键在于摸准书记的思路，可是思路就像走山路，书记站在山顶，他在山脚，还差得远呢。

开始对小潘很不适应，最难熬是下大雪的那些日子，烧了一盆炭火通宵赶写稿子，第二天将厚厚一摞稿子放到书记案头。不料书记看了直摇头，他是东风汽车公司有名的笔杆子，对稿子要求高呢！小潘心里很难过，天天返工，该咋办呢？为此，他每天第一件事就是进车间到班组，了解生产经营情况，掌握第一手材料，用了半年时间，夜以继日地赶啊赶，终于攀上了心中那曾以为难以企及的“高峰”，他的稿子受到了全厂上下的一致肯定。

“高就高在你得从两千多人的厂看到我国汽车工业这个大市场，它们是联系在一起的。没有大局这盘棋，改装厂这个棋子走不出去。”书记如此说道。

从此厂里写东西离了小潘还真不行。论功行赏，厂里给小潘提了个组干科长。工作变了，但重点文章还得由潘科长亲自操刀。潘华强在组干科这个位子上干得很出色，人事调动、招收大学生都由他小潘负责。没想到干了两年，小潘却主动提出要求到车间工作。

奇了怪了！车间的干部都想往厂部里调，人往高处

◎顺强运业公司董事长　潘华强

走呀，小潘怎么搞反了，甘愿下车间吃那份苦？

厂里不批，报告压了一年，最后领导拗不过他，只好让他到总装车间担任车间主任、党支部书记。

如鱼得水的小潘，一头扎进了总装车间。

走进敞亮的车间，他心里也敞亮了。在汽车厂里，如果你光会写个材料，管理人事，或者玩点权术，是不行的。不懂汽车，不懂技术，不懂生产，不懂管理的人，枉为汽车厂的职工！

总装车间是全厂最大的车间，有300多人，共分为8个班组。车间副主任斜着眼看着新来的潘主任，放话：“不就是个坐办公室，写材料的人吗？懂个啥啊！”等着看他的笑话。

有压力是好事，按压着你不至于浮躁嘛。潘华强从头干起，深入班组，每一个班里干3天。一个月下来，从生产管理情况到工人的思想状况，他摸得门儿清，许多工人的名字他都叫得出……

接着潘华强开始了他的“三把火”——三大改革：一是班组建设改革，推出了工人选班长、班长选工人的双向选择；二是生产工艺改革，提高质量和生产速度；三是推行质量日考核，不搞秋后算账。实施短短两个月，成效显著，大家都口服心服。副主任不再赌气，而是主动配合，积极协助。不久，总装车间被评为全厂先进单位。

不简单，潘华强还是个管理人才哪！领导又把他提上来，当办公室主任，办公室管的面更宽。

不久后汽车销售市场疲软，老科长坐不住，吵着不干了。这个困局难住了厂领导，销售是关键，汽车卖不出去全厂得停工，如何是好？

“能不能让我去试一试？”小潘找到了厂长，当面请命。

厂长挠着头，感到为难，半路杀出个程咬金，小潘不是管销售的，让他去合适吗？可他年轻稳健，又在多个岗位干得都很优秀，还真是最佳人选呢。好，就让他去吧。

才上任一个半月，小潘就把僵局盘活，订单连番而来，来自四面八方的客户成群结队，产品供不应求！

没想到、没想到，小潘是个全才，写文章不说了，是个大笔杆子，在管理上又有一套，瞧，现在把销售也搞得热火朝天。这真是千金易得，一才难求！

短短几年潘华强把全厂几个主要部门走了个遍，从组织、政工到生产管理，再到销售环节，他都深入探寻了一番，做到心中有底。潘华强收获不小，而最大的收获还是找到一种高度，识大局顾大体，这使他日后能够在出租车行业中大展身手，并最终成为行业的领军人物。

06 道高一丈

2008年，顺强公司经过三年改制，捋清了结构，确立公司为唯一投资主体，将“二老板”一个不剩地清除出去。公司直接面对驾驶员。既提高了收入又享受到一系列福利待遇的的哥的姐乐开了花，积极性明显提高。公司管理也日趋规范，措施落实到每辆车每个驾驶员身上。顺强走上了良性发展之路。

2008年，出租车行业顽疾再度发作。该年11月，重庆，三亚，还有广东相继发生出租车罢运事件。

十堰也未能幸免。12月5日，这座湖北西部的山城呼啦啦闹开了。全市近千辆出租车纷纷罢运，矛头直指市政府，罢运车辆直奔那座首脑机构，把市府门前的通行大道堵了个严严实实。

在进行紧急磋商的会议室里，市长、副市长等齐齐坐镇，全市8个出租车公司的老总们也奉召急急赶来，公安局、交通局、信访局等有关部门主管领导也无一缺席。望着楼下黑压压大片罢运的人和车，每个人心头都像压了块千斤重的石头，喘不过气来。

分管交通的副市长梁吉祥先是发了一通脾气，严厉批评，然后要求每个公司表态，必须半小时内解除罢工，“把自己的孩子抱走”。

空气凝固了，秘书长的目光转向潘华强，意思很明白，这个头得老潘来开。

潘华强一开口，全场惊呆了。

他说：“顺强虽然是个大公司，但是今天我们没有一辆车参与罢运，全部正常营运。”

你顺强没一辆罢运，谁信？会场起了一阵小小的骚动，老板们暗暗咕哝，这牛吹得太大了！

公安局局长发言，予以证实：“经现场排查，没发现一辆顺强的车。”

穿透乌云的一线阳光，把会议室照亮了，几近凝固的紧张气氛开始消退。

秘书长两眼笑眯了，挤成一条线。

市长惊愕之余感到由衷的喜悦，频频点头。顺强的做法不是事到临头平息风波，这个公司从根本上杜绝了罢运，他们的经验太宝贵了。这才是长治久安之策啊！

会议作出决定，交通运管部门立即组织调研，总结

◎顺强运业公司党委副书记与驾驶员们交心谈心。

顺强公司的经验、做法。

“明天就开始！刻不容缓！”市长说。

十堰这次罢运经劝阻、疏导，3小时后得以平息。短短的180分钟，在强烈的政治气氛下，这个拥有70万人口的城市经受了难言的阵痛，而后催生出一个胎孕3年的“婴儿”——顺强模式。

何谓顺强模式？简言之，就是班费制经营，员工化管理。

班费制经营就是清除了中间隔离层“二老板”，员工直接与公司签约，员工对公司只交班费，其他费用一概由公司承担。班费如何定价？标准来自市场调研，切合实际，也并非公司单方面说了算，还要征求驾驶员意见，双方反复协商后达成一致。由于市场处于变化波动状态，班费不能固化为一成不变的“一口价”，须每年根据实际情况作出相应调整。从近几年统计数据看，顺强公司的班费逐渐下调，原因主要是油价持续攀升，公司主动让利，为驾驶员减负。在没有实行公车公营时，驾驶员每天承担330元的份子钱，白班220元，晚班110元，2005年公车公营后降到280元。随着油价持续上涨，顺强公司收费一降再降，现在每天的班费是248元，比最初价减少了82元。这仅是一辆车每天少交的钱，公司有180辆车，每天少收1.5万多元，一年下来就要为驾驶员让利400万～500万元。

还有押金也大幅下调，将最初的高额押金下调至每年1万元。这是政府让的利，把以往拍卖经营权的高价给降了下来。潘华强照章办事，就这个1万元不加码，公司不从中添一分钱。他的想法很明确，2005年以前最高押金冲到了每辆车21万元，现在只收了个零头，这是政府的政策好，一定得落实到驾驶员，让他们感受到党的阳光。

末位淘汰制，发挥了机制的灵活性。不好好干的、捣乱的、给社会造成不良影响的，合同期满不再续签。年底考核排在后15%的自动淘汰。这样有利于驾驶员队伍保持一定的活力，在竞争中逐渐提高素质。

末位淘汰制有个先行先试的个例。那是2005年公司直接与驾驶员签合同，有个小伙子嚷着要先签，被拒绝了。“凭什么不让我签？”他理直气壮地质问，一手叉腰一手直指潘华强的鼻尖，气势汹汹。

“凭什么，你表现不好。”潘华强说。“咋个不好，你说你说！”小伙子不依不饶，“公司有几百个司机，你认得我？”

“你昨天参加闹事了没有？”

“参加了……没有！”他气急败坏地一蹦三尺高。

结果小伙子被人拉到一边，嘴里虽然硬，心里却发虚。一屁股坐在地上，两手拍着脑袋后悔了。

还想闹，但没了底气。

签合同现场站着公安四大队的交警，气氛有点瘆人，耍赖撒泼看来没什么好果子吃。

不到两小时合同全部都签完了。

这么快签完了？运管处罗主任不信，别的公司刚开头就卡住了，公司与员工磨过来磨过去，双方吵得不可开交，弄成拉锯战。再看顺强已经在“清缴”胜利果实了，公司人员高高兴兴地在规整一本本厚厚的合同书呢。

闹事的不签合同，顺强公司在开头就立了规矩。15%末位淘汰制头一条就是看大是大非的表现，公司不含糊。

这是2005年改制时发生的事。这年，顺强借市交通运管部门对出租车实行公车公营改革的东风，即政府出

台了“定向定价，协议出让，公司投资，原经营业主优先承包”的好政策，公司紧相呼应，制定“三转变一落实”的新举措，即转变投资主体，转变主体身份，转变经营方式，落实改革政策，率先拿出380万元为原车主兑现补差款，顺强公司以此带头支持改革，维护了行业稳定。

07 以人为本

再说班费制。2005年10月，顺强推出全国首创的出租车员工制管理、班费制经营公车公营模式，实施车辆产权和经营权由公司全额投资，让驾驶员变成公司的正式员工，办理了“三金”。

对的哥的姐来说，办不办“三金”是件大事。办“三金”大家心里踏实，有了依靠；没办“三金”大家感到朝不保夕，没有依靠。

有的驾驶员不愿公司给办“三金”，问自己办行不行？行呀！公司爽快答应。不管出于什么原因，不信任也罢，只办自己需要的那部分也罢，比如有的年轻人只想办个人身意外保险，至于医疗，反正年轻没啥病，不办也行。公司就把每年办“三金”的300元钱给个人。

目前，全国同行业中多数公司没有给驾驶员办“三金”，这是一大笔开销，多数公司不舍得。

潘华强舍得，他说这是割自己肉疗他人伤。

要改革舍不得割自己肉，改得了么？

他同时承诺，税费、修车费亦由公司承担，驾驶员免交。有人置疑，修车免费是个无底洞，若有司机天天修车怎么办？不把公司给掏空才怪！

潘华强反问，你看见哪个司机天天跑去修车？说说有没有这种可能？

“这个嘛难说……万一有这种人怎么办？”

“不存在！”潘华强大手一挥，斩钉截铁地说。问题再简单不过，修车耽误时间误了司机赚钱，再傻的人也不至于傻到挡自己的财路吧。

果不其然，几年来没有一例类似事件发生。

更有意思的是，修车的人还越来越少。

这是啥道理？

因为人人爱惜车，保养得好。

这可奇怪了，既然修车不用自己掏腰包，为什么还舍不得修，反而还加倍爱惜、保养车，这个理儿说不通呀！

原来免费修车后面，顺强公司还加了一条措施：5年后出租车无偿归驾驶员所有。

置疑者恍然大悟，叹道，还有这么一招，“高，实在是高！”学着“地道战”里的台词，竖起大拇指。白得一辆车，哪里找这等好事呀！

驾驶员们个个开车都添了几分小心，时刻担心着别把车弄坏了。对车备加爱护，简直把出租车当成自家的孩子。

天底下有不心疼孩子的父母么？

笔者采访驾驶员时，见一人边说话边掏出纸巾擦那并无灰尘的桌子，一遍又一遍，不禁好奇，对方答曰：“几年来擦车早已成了习惯。见桌子也擦！”

驾驶员就这么爱车！这车是公司的又是自己的，公司和员工在爱车上不分彼此。

有谁听说过出租车司机每年可以休假的？顺强公司就把休假条款写在合同书上，白纸黑字有法律效力：驾驶员每年休假21天。

出租车司机将享受三个星期轻松悠闲的生活，像国企员工一样。这种每年21天的放松对出租车司机来说更觉宝贵，意味着你不必天天把自己绑在安全带上，不必担心在路口错过红绿灯或在路上错过一个乘客，更不必担心擦着谁碰着谁，使一天的劳动所得泡汤，或是撞上违章（有时真的料不到！）交警没商量地开出一张罚单，亦或在大夏天也不敢多喝水，生怕找厕所耽误了赚钱，一旦出车，就有那么多担心和料不到……总之，绷紧的神经有机会放松，休假真好！

休假对出租车司机真是“天上掉馅饼”，这是做梦都不敢想的享受！享受想睡到几点就睡到几点的懒散，

享受带着孩子逛公园的天伦之乐，享受……

别人伸手就能够着的享受，出租车驾驶员却“难于上青天”，羡慕而不可得。老板每天要收租子，一分钱不能少。想休假？得，把钥匙交出来，有的是人顶替你，回去放个长假再也别来上班了。

生活就是如此残酷。

但在顺强这个大家庭，这些事情却来得如此自然、如此温暖。

若是临到休假时碰巧遇到潘董，他会给你来句祝福：“彻底放松，玩得开心！”或是像亲人般叮嘱两句：“闲了，帮老婆干点儿家务，她也不容易啊！”

潘董说的都是些大白话，却贴心又温暖，言语间流露出的是朋友谊、兄弟情。

潘董对员工的关心不是装出来的。老员工说这么多年没见他对下面发过脾气，连红脸也没见过一次。他是那种肚里能容事的人，以往教书时能容学生，再调皮的孩子在他班里也能变好。潘董带来的这股春风如今吹暖了每个顺强人的心。

顺强有个员工生病住院，手术费两万元，真的犯难了，干脆出院了事。潘董不知怎么知道了，找到院方，以家属的名义把钱交了。得知此情的堂堂七尺男儿，被送进手术室时哽咽着，泪水模糊了两眼……

爱屋及乌，潘华强还心系员工们的“后勤部”——

◎顺强运业公司开展驾驶员工资待遇集体协商会议。

家庭。有些驾驶员想让家属开个小店贴补家用，但筹钱无门，公司闻讯后便主动送钱过去，帮助先垫上。“别惦记着还钱，赚了再说。”潘董嘱咐道。

这种事儿不胜枚举。

潘华强提出员工化管理，不是一句空话，要的就是把员工当成公司的主人，善待每个人。

——我是顺强人！员工的这句话说出的是自豪，有一种沉甸甸的重量。

还有一种难以自抑的幸福感！

公司免费为驾驶员按季节发放工装、棉被，按月发放毛巾、手套、保洁品等劳保用品。哦，还有车内座套，同样是公司免费提供的。驾驶员得按规定办事，当班时必须穿着干净整齐的工装上路。驾驶员要每天更换座套，座套上面印好了从星期一到星期日的日期编号，一目了然。如果今天是星期二，而你的座套编号仍停留在星期一，证明你没有及时更换座套，沿街巡查的公司督察车拦你没商量，记你一次过也算合理。谁丢得起这个脸呢，维护车容车貌义不容辞。

不错，维护公司荣誉也是一种回报！

交通事故是谁都不愿碰到的倒霉事儿，别的出租车公司是任由你自认倒霉埋单，你自己受着吧。顺强不然，是主动揽过大头。比如要赔5万元，公司出4万元，只让你出1万元，而1万元就是个人赔付最高额，不会更多了。

把驾驶员的个人损失减到最小。

公司统计过，大的交通事故四五年才遇到一起，概率不高，然而由公司赔大头的规矩却让每个驾驶员吃了定心丸。

应该说公司该承担的费用都承担了，甚至其他出租车公司认为不该承担的费用顺强也承担了。

顺强的驾驶员只承担一项费用：班费。每日每辆车248元即足够，多一分钱都不用交，合同上写的明明白白、清清楚楚。

细心的潘董将白班夜班划分了一下，白班交162元，夜班交86元。为什么夜班交的少、收入偏多一点，因为一般车辆维修都在晚上，同时还要换座套等，办起来耽误时间；再说，熬夜伤身体，适当提高点待遇也合理。这规矩出来驾驶员们都拥护，一致通过。

由于公司让利，顺强驾驶员每人月收入不低于4000元。在十堰这个山沟沟里的城市，这收入令许多人羡慕。

班费制的优越性显露出来，顺强的名声不胫而走，吸引了许多人，不仅有驾驶员，还有不少别的行当的精英也想进顺强开出租车。曹成就是其中一个，他今年40岁，大学学历，曾经在一所中学教英语，在他身上丝毫找不出的哥的影子，戴一副眼镜，斯斯文文。他的经历却足够丰富，为了一家三口的生计，告别学校后开过小皮卡，之后又远赴山西给一位煤矿老板打过工，煤矿倒闭后回到十堰，再要面子也逃不过“颠沛流离”这四个字。有一次曹成偶然帮一位在顺强工作的朋友代班开过一天出租车，交车时一数钱，嘿，硬是赚了200元。这天成了他职业生涯的转折点，开出租车！当过中学老师的不考虑面子？接受采访时他双手一摊，坦然笑道：“孩子比面子重要，要尽到一个父亲的责任，让他能进一所好的学校……”仍留在学校教英语的妻子似乎没有太大的反对意见。她每月工资两千多元，不及的哥丈夫的一半。

“遇到过以前的同学坐你的车吗？尴尬不尴尬？”我问。

“当然遇到过，但一点也不尴尬，聊起来得知我的收入不比他们少，都表示理解。”曹成又说，“的哥没什么不好，我在顺强生活得有面子、有保障啊！”

30岁出头的马旭升也在顺强找到了自己生活的位置。他在石油管理学院读过大学，血气方刚的年轻人打过一次架，被对方投诉后校方扣押了他的文凭，将他除名。母亲拉他去学校求情，却无济于事。从此他的生活之路坎坷起来。经人介绍他去某法院开车，月薪500元，咬紧牙关努力干，以为或许能熬进国家编制。有一次眼看成了，领导满意，群众对他也一致好评，但突然编制冻结了，机会没有降临在他头上。“顺强适合我！”接受采访时小马一再说。到顺强报到那天，父亲只对他说了一句话：“要么不做，要做就做好！”

记住了父亲这句话的小马，在顺强干得很好。

“顺强适合我！”让的哥的姐说出租车公司的好，难，太难了！坐出租车若跟的哥聊起出租车公司这话题，有的不表态，闷头开他的车。有的就数落开了，不能生病，不能出事故，不能……反正弄不好就赚不到糊口钱。

出租车这一行当里劳资关系很敏感，员工和公司对立情绪很重，弄不好就剑拔弩张，罢运时有发生。

08 不欢而散

2005年大刀阔斧地开始改制时，顺强却遭骂了！

原来是别的出租车公司老板抱怨：“就你能，比我们多根手指头？”

当时政府让利，把经营权交给出租车公司，不再搞拍卖。这一让利，每辆车出让金只收1万元。政府让利让得大！

一大块“肥肉”呀。

怎么个“吃法”得商量一下。于是定在十堰惠锦宾馆开个会，大家聚在一起，8家公司的老板来齐了，切磋商议，以便统一意见。

统一意见向来不是易事，你说初一我说十五，谁都说自己的办法好。比如有的提出股份制，把承包人作为股东拉进来，有了经营权就大捞一把。有的要搞承包，

◎由个体、承包到员工制公车公营，员工用“V”形庆祝。

让别人去管经营，自己坐收承包费，乐得当个甩手掌柜，“甩手”也能旱涝保收哪！有的要搞租赁，有车标就有一切，道理像枪杆子里出政权一样，把标牢牢抓在手里才能感受到稳当。

8个老板各唱各的调，各吹各的号，气氛真热烈。

但当潘华强说出自己的想法时大家却一下炸开了锅。

“什么什么，你说什么？”

8个人出奇地统一，目标一致地对潘华强开火。别的老板之间的矛盾准确说只是差异，做法不同而已，现在潘华强提出的什么员工化班费制，简直异想天开，明摆着是让大家割自己身上的肉嘛！说到底就是让驾驶员当“老板”，还不准收高额押金，我们从哪儿弄钱去提车？喝西北风？

“潘华强的脑袋肯定进了水！”

有个老板走近他伸出巴掌，对潘华强做抚摸状——看看这家伙的脑袋发烧没有，嘿嘿，高烧说胡话！

潘华强不是不想赚钱。不过他认为赚钱要取之有道。这个道，棋谱里是挑明说的，即下策是仅看一步棋，只图眼前吃掉对手的棋子。而高手则要看五步以后——讲究的是战略眼光。

潘华强经历过贵州两次十堰一次共三次罢运，已经看出点名堂了。这三步棋没走好，对公司、对群众、对政府、对整个社会都会造成不可挽回的损失。

痛定思痛。再不搞班费制员工制，出租车行业的明天必将陷入困境，风雨飘摇。

载舟之水也能覆舟。员工是水，公司是一叶小舟。解决好水与舟的关系已到了火烧眉毛的时刻。

认为老潘是危言耸听的老板们不欢而散。哼，都让老潘给搅黄了！

潘华强心想，各走各的路，让实践来证实孰是孰非。他不信班费制果真赚不到钱！

其实这笔账他早就算过，在投向出租车行当那天就开始算账。1998年吆喝一二十辆车搞挂靠经营时，他就每天掰着指头算开了。不但算账、记账，他还写“大事件”，一年下来“大事件”也记了二三十条。这是他走过的脚印，深深浅浅，弯弯曲曲，哪几步走对了，哪一步走岔了道，翻看“大事件”对这年的大账就心里有数了。潘华强喜欢算大账，认定大账不算小账就乱。

在数学领域有门特殊的学科叫模糊数学。对于讲究计算精确的数学，怎么就冒出个“模糊”来了，哪道不矛盾？其实有些东西是计算不出来的，越精确离实际情况越远。表面精确导致了实际上的大偏差，模糊其实是强调计算方向的精确，这就够了。

“大事件”让潘华强在公司运营上进入了模糊数学领域。当这些“大事件”一桩桩一件件清晰陈列在眼前时，那些小账——零头碎账、芝麻粒儿账、拎不起又放不下的账、搅得心烦却剪不断理还乱的账——统统烟消云散了。

他仿佛站在山巅观风景，眼见一座座山峰屹立于云雾之上，突然一阵风刮来，云翻雾腾，群鸦毕噪于云下的山谷……而群峰屹立依旧，静若处子。

他的心境愈发沉静、淡泊。

他有计划、有步骤地开始整顿公司，目标明确、信心十足，谁也干扰不了，群起而攻之的老板只会让他变得更加坚定。

既然投资主体由个体向企业转变，公司就稳步推进公车公营改革，确立了规模化经营、员工化管理、市场化运作、国际化服务的“四化”发展战略；带头支持政府改革措施，先后投入1000多万元收购个体出租车，又投入了380万元补偿原承包车主，实现了投资主体由个体向企业转变，经营方式由个体承包向公车公营转变。

“四化”无疑是一次手术，剪断了挂靠、承包制的脐带。对自己动手术，得下狠心。潘华强也是靠挂靠制起家，靠开办全市第一个出租车维修服务站做大的，公司成立第二年就赚了500多万元，那时候就开始收购个体挂靠车辆，变挂靠为公司自有，提前实现公车公营。对两种体制加以比较，潘华强总结了一条经验，只有公车公营才能管好车管住人，才能谈服务质量、窗口形象，行业、企业才能稳定。

其实顺强公司从2001年就开始踏上对员工制班费制的探索之路。每辆车每天交现钱，收费24小时不得闲，零钱又多，得一张一张数，把公司收班费的人员累得要死，还要对司机赔笑脸，耐心解释。还有，收现金时提心吊胆，生怕遭抢劫，收费点就选在公司附近的加油站，车多人多、来来往往，安全些。经过摸底，班费制可行——谁说赚不到钱！

“摸着石头过河”，初试水性心里有底了。再往前顺强公司就建立完善相关配套制度，一步步深化员工制管理，创新推出“三个彻底”。

一说到“三个彻底”，潘华强的决心、信心、雄心就跃然而出了。他要的彻底是一种与过去一刀两断的决绝之念。锋利的刀以削铁之势砍去，把拦在改革路上的荆棘，牵你绊你使你举步维艰的藤葛，统统清除。

就这样以壮士断腕的决绝态度，潘华强彻底与以往的挂靠制、承包制告别了。

09 幸福的哥

“三个彻底”，即：彻底实现企业为唯一的投资主体，坚决清退高额押金；彻底推行一个合同版本，无论是公司驾驶员还是原业主聘请的驾驶员，享受同等福利待遇；彻底摒弃以包代管的陈旧观念，建立单车对口管理服务体系，从机制上维护了出租车驾驶员的权益。

写得清清楚楚，看得明明白白，起初心里还兜着一大堆问号的驾驶员满意了、笑了、鼓掌了——个个拍手称快！啥叫“员工制”，这才是咧！

“员工制管理、班费制经营”，驾驶员成为公司的主人，收入水平和社会地位得到双重提高。

的哥刘玉是个认真细心的年轻人，决定算笔账，看看改制后究竟收入提高了没有，提高了多少？空口白话不行，得记个流水账。于是他一头钻进文具店买了个小本本，巴掌大的，便于随身携带，还有就是便于保密。这是个人的私密，不便让外人知道。他想，如果跟以前一样没多赚，开车的哥们知道后会笑话：就那几个小钱记什么记！如果赚多了，更不能让人知道，特别是媳妇，那还了得？今天买件衣裳，明天到摊子上撮一顿……

刘玉的账本上就出现了只有他自己看得懂的密码，什么A呀、B呀、C呀的，英文字母叫人摸不着头脑。比如5月3日，“2A4B8C”，经他解释才弄明白，A代表百位数，B代表十位数，C代表个位数。那么5月3日他共赚了248元。这是刨去上交的班费、油费落入自己口袋的收入。

一个月下来，小本上的账目让刘玉惊喜不已，比以前多了20多个A。他不敢相信又看了一遍，到第4遍终于相信，把本子一合大叫一声“耶”！狠命地将V形手势伸到最远。

耶！耶！耶！

当年给“二老板”开车时刘玉哪“耶”过一次，想都不敢想。“耶”跟他无缘，只有“咽”，咽气，忍气吞声。赚到钱“二老板”拿大头，旱涝保收，他拿小头。

赚得最少时，一天只落到10多元，除掉盒饭5元，所剩无几，兜里几块硬币叮当叮当，名副其实“穷得叮当响”！

回到家蒙头就睡，晚饭也不吃。

◎成为顺强公司员工，驾驶员们喜笑颜开。

“咋啦，生病了？”媳妇轻声细语地站在床边。

他不吭一声，一翻身，背对媳妇。

心里憋屈啊！

他尽受“二老板”的气。当时那个公司降了租子，每天交180元，别人都交这么多，“二老板”硬要他照旧交200元。手一伸，交不交，不交就走人。“有的是人等着开我的车！”

不但有明摆着欺负人的，还有暗中欺负的，对你做手脚。起初加油时不懂什么排气，“二老板”加油不排气，刘玉加油时就得按老板指令把气排空。气排空了油就加得多，“二老板”每次加油就能从他那儿多收20多元。后来刘玉知道自己被做了手脚也不敢吱声，吃哑巴亏。吱声又能怎样，“二老板”会一把夺过车钥匙，叫你走人！

现在好了，“二老板”走人，刘玉伸了头，这才叫爽！“解放区的天是明朗的天！”

刘玉的小本子还在用着，这账还需要算吗？他的生活有了保障，免费修车，各种福利待遇，比如按季发劳保用品，过年过节还送水果食用油等，过上了安宁稳定的日子。现在账本上ABC英文字母记载的是每月多了四个A以上有时到五六个A的收入。记着记着就成了一本大账：班费制=小康生活。员工制让的哥的姐当家做主人！

像刘玉这样有“解放”感的人在顺强一抓一大把。接受采访时往椅子上一坐他就笑开了。笑什么？还用问，日子过好了呗！这个好还不是今天好、明天好，是进了有保障的顺强，一生都好！努力干就有好日子过，还有比这更好的么？

日子顺过来了，风调雨顺，心里那朵花就开了。笑，成了顺强人的标志。只是笑的姿态各有不同，的哥是敞开笑，嗬嗬嗬……的姐往往掩嘴笑，笑罢放下手，又忍不住掩嘴乐了。

笔者不禁被这些发自内心的笑打动了，跟着乐，为他们的乐而乐，十几天的采访沉浸在一种快乐的氛围中，这是在以往采访中罕见的。

也有例外。采访的哥朱朝伟时就少见他笑。问他，回答说自己生性腼腆，细皮白肉像个戏台上的白面书生。莫不是怕笑出皱纹？不是不是，忙着摇头。这个朱朝伟一乐就容易生悲，又回想起被炒鱿鱼的那些日子……

他从前出租车开得好好的，没犯一点过失，“二老板”一巴掌收走车钥匙。不给你开了，回去歇着吧。这一歇就歇了一年多！

他想不明白，平时对老板毕恭毕敬，每月累死累活只拿到一两千元，还不敢有半句怨言，没得罪他呀……

只是“二老板”算盘珠子扒拉得精。但凡生意好做时，就不让你开。他的小舅子、姐夫等等就顶下你捞钱。钱不好挣的淡季才叫你回来垫底。

被吆喝来吆喝去，什么滋味儿！忍着呗，找份差事不容易。

结果还是“歇了菜”！他只好打零工，偶尔替人顶顶班，平日就待在家，对着墙发呆，眼珠子也直了，老婆喊半天回不过神。

朱朝伟在家待怕了。

没钱的日子受煎熬呀。孩子小又老生病，三天两头抱着孩子跑医院。一路上街边小吃摊摊贩吆喝着，香喷喷的油烟子追着你，孩子说：“爸爸我饿！”指指煎饼摊子。爸爸一扭头装着没听见，一路奔跑着过去。孩子还乖，不闹饿了，又说："爸爸你咋哭了……"可不是，男子汉的热泪滴在孩子那苍白的脸上。

这日子没法过。指望谁呢，老婆起早摸黑挑一担青菜上街卖，回到家把衣袋布翻出来，尽是毛票，摊一桌子不过这三五十元，哪够生活的，还要扒拉些钱给孩子看病！

朱朝伟只好找姐姐。幸亏他有个好姐姐，做点生意手头有余钱，给他一塞就是50元："先拿去用！""我会还的。"朱朝伟说。"别提这些了！"姐姐说，不忍多看弟弟那双满是诚恳的眼睛。诚恳里有哀求，哀求里还有点躲闪——不敢正眼看姐姐，怪自己沦落到这个地步。小时候可不是这样，他那清澈透亮的眸子哪去了？每次借钱必还，亲姐姐的钱也不能白花。难以启齿的是借钱，借到钱就赶紧走，逃跑似地离开姐姐家。他不愿让姐夫撞见，毕竟隔了一层，姐夫见到这个妻弟脸一沉，哼，又来借钱！

这是人之常情，怪不得姐夫。如今这世道谁愿意借钱给别人。父母跟儿女开口借钱还遭白眼呢。

穷愁的乌云罩住朱朝伟的心，死死地裹住不留一丝缝隙。直到2005年10月，员工直接跟顺强签合同，这团困扰他已久的乌云才消散。

阳光从窗外倾泻而下，在他眼中那份沉甸甸的合同书光芒万丈，揉了揉眼才能看清一字一句。签上"朱朝伟”三个字时，他如释重负，好日子总算盼到了！

对朱朝伟来说，好日子就是老婆“撂挑子”——不再挑担青菜沿街叫卖，而是在家照料孩子，做个好婆娘、好妈妈。好日子就是女儿一天天长大，少去医院不去医院，过生日时当爸的不用再扭过头去避开小吃摊，不，他会去蛋糕店买女儿最喜欢的生日蛋糕，插上一支支小小的红蜡烛（今年该插到11支蜡烛了），看着女儿撅起小嘴将蜡烛一一吹灭，笑声在家中回荡。好日子就是他在城乡结合部有一幢自己的砖房，哪怕再大的风雨也有个结实的屋顶遮住。好日子还是每月底手里攥着银行卡去ATM存上大几百块……

够了够了，一个的士司机能有多高的梦想呢。朱朝伟挺知足了。

对他来说，顺强既是公司的，也是自己的。他是公司的主人，有时还去公司开开会，领导层要听取他们的意见。顺强顺强，从改制后他朱朝伟的命运也改变了，过得顺了而且还强了——腰也挺直了。

10 第五步棋

2008年12月，那场全国出租车的罢运风波，十堰也未能幸免，事后市政府对无一车参与罢运的顺强公司展开了深入调研。整个调研过程让市里领导精神为之一振。以前领导也知道顺强搞得不错，有不少创新举措值得推广，但那是在一般意义上的了解。这次调研弄了个仔仔细细，访遍上上下下，摸透里里外外，办法也多样化，既明察又暗访……好啦，顺强的“套路”出来了。“套路”之说不准确，人家是突破行业老套路走创新之路——顺强模式。市政府在此基础上推出“13条”，在全市大力推广顺强的先进经验，规范出租车行业的管理、运营办法。

时间是检验真理的唯一标准。2005年8家公司那场不欢而散的乱局在3年后也有了明确结论。实践证明潘华强走的才是正道，是康庄大道。那个摸着他脑袋连喊“发烧”的老板，3年后也大彻大悟：发高烧的是咱不是潘华强，该摸摸自己脑袋发不发烧——为钱发烧！结果罢运风潮一起，那些公司的车一辆不落地“死”给你看——这时你不是发烧，是发冷，冷得牙齿咯咯响！市长气得拍桌子，指定必须限时复运，谁敢说半个“不”字？整个城市的经济损失你背得起吗？如果政府要你赔（幸亏没有），还不得倾家荡产！还有，社会影响呢？那些公司老板们不敢想。

错！错！错！老板们后悔了，想起当年还对老潘冷嘲热讽挖苦，还伸手去摸老潘“发不发烧”……

市政府出台的“13条”，要求各出租车公司无一例外地照章执行，一番整改后全市出租车行业面貌焕然一新。

“13条”内容丰富、涵盖全面，细说起来颇需篇幅。简言之，便是以政府的名义推行顺强模式，即“班费制经营、员工制管理”这样一种公车公营模式。

顺强公司“大事记”中有段文字解释，不失简洁准确：

2005年10月，十堰顺强运业公司创新推出全国首创的出租车“员工制”公车公营模式，彻底废除了承包人这一“二老板”式的中间环节，由公司购买产权和经营权，直接与驾驶员签订劳动合同，驾驶员变成公司的正式员工，拥有劳保、社保、各种补贴等各项福利。与此

◎这十六个字是顺强文化的精髓之所在。

同时，每位驾驶员的安全风险金也由原来的6万元／人车降至1万元／人车。各种税费、检测费和经营风险全部由公司承担。

这套彻底转变经营机制的“员工制”公车公营模式，使得出租车公司得以现代企业模式规范化运作。这一具有先进性与科学性的重大改革，不仅使顺强走在了全国同行的前列，更为出租车行业的可持续发展指明了一条切实可行的改革之路。

说明一下，上文中提到的“安全风险金”，即我们在前面一再提到的“押金”。“押金”似更通俗流行，沿用成习。

现在我们不禁要问，潘华强搞的这一套让员工安定了，收入有了保障，那么公司收益如何呢？前面的叙述几乎全是社会效益，老百姓受益了，政府受益了，那公司的利益在哪里？

改制后年终算账，顺强公司一年稳赚三百多万元。有了兼顾社会效益和经济效益的榜样，以推行顺强模式为核心内容的“13条”更得人心，同行们也心服口服地推广开来。

有人要问，为何潘华强不搞股份制？他不是不搞，更不是反对股份制，在公司的体制设计中这是他必走的一步，但暂时推迟这步棋是有他特殊考虑的。在大刀阔斧的改制中需要舍去许多眼前的利益，唯有具有长远眼光的企业才能开创新路子使公司与员工双赢，潘华强希望把改革阻力减到最小，风险他一人担，损失他一人赔，不像许多股份公司那样举步艰难，股东各执一词，董事长再大本事也只能干瞪眼。

这是一种敢于舍弃、多作奉献的境界！

潘华强总是跟自己较真，诸如公司章程条例、重要决议、对上级的报告、开会讲话稿等都是自己动手。对此他深有体会，凡自己写就得调查研究，就得深入思考，就得字勘句酌，写出来的东西就有针对性，能解决实际问题。为何不像别的老板那样找个秘书代劳或分担呢？他摇摇头，笑而不答。

他说，“班费制”那些条例就是他一字一句写下的，为了写好这些条例开过多少次会，找过多少人谈心，记不清了。

“只有写进人们的心里，才会扎下根，规章制度才能得到落实，否则贴在墙上只有墙知道！”潘华强，带点玩笑却认真地说道。

公司的理念也是他经过深思熟虑琢磨出来的：“诚信博爱，福祉众生，顺物长新，和谐图强。”

把“诚信”放在第一位是经反复掂量后选定的。翻过不少百年老字号的家底，潘华强的结论是：尽管行业各不相同，经验千差万别，但转来转去始终离不开“诚信”这两个字，诚信才是核心价值。西方批评中国“没有企业家精神”，他初看这句话很反感，这不是偏见么？细想却觉得人家说得不是没道理。企业家精神的关键是讲诚信，我们现在富了，钱袋鼓了，随之拜金主义流行，难免诚信缺失。

“福祉众生”——搞好服务，造福百姓。他认定出租车公司主要服务对象就是寻常百姓。当官的有官车，富人有私家车，老百姓靠的是出租车。特别是遇到急事的人，或是行动不便的老弱残病，指望的就是咱出租车。为乘客搞好服务，多一点爱心，就是“福祉众生”啊！企业发展的目的，不就是要回报社会，泽被众生吗？

说到“顺物长新”还有个小插曲。为了这4个字，潘华强登上了巍巍武当。武当山位于十堰市境内，天气晴朗时在城里也能遥望到武当山上金光闪烁的金顶。潘华强站在金顶，云海在下，忽然间风起云散，十堰尽收眼底，嗬，偌大的汽车城变得那样小，犹如几案上可以对弈的棋盘。在观赏风景的人群中，但闻此起彼伏的惊叹声，呼朋唤友的招呼声，按动相机快门的咔嚓声，潘华强似有所悟，豁然开朗。

武当山的美景赏心悦目，但最令人神往的还是历经千年沉淀而成的道教文化。“顺其自然”便是道教文化的精髓之一，如今也成为人们追求超然境界的代名词。“顺物长新”沿用了这个意思。遵循客观规律，顺应时代潮流，不断创新，思变进取。

“和谐图强”，毋庸置疑，和谐是当今时代的主旋律。大到一城一省一国、小到一家一企，离不开和谐。有了和谐，才能国泰民安。在追求公司与社会和谐、公司与员工和谐的基础上，追求卓越，走向强盛。饱尝罢运之苦的潘华强在这4个字上下了番功夫，和谐为因，图强为果，“和谐图强”体现了群众路线和科学发展观嘛！

16个字，是潘华强人生经历和行业经验的提炼和总结。

用心极细的他，在仔细推敲中还用了嵌字法，第三句开头字“顺”，第四句结尾字“强”，隔句呼应，合起来便是“顺强”，寄托了他的自勉和期许。

潘华强把他的企业理念和经营模式统称为“取势”。正如《孙子兵法》所言：“故善战者，求之于势，不责于人，故能择人而任势。”

11 火车偶遇

潘华强办公司经历了从易到难的过程。公司刚开张“财神爷”找上门，收押金忙得饭都顾不上吃，数钱数得“手抽筋”。笑叹：“钱这样好赚，该早几年就办公司的……”当时觉得办公司容易，因为目标低——只是赚钱。

等公司上了轨道，要管理好公司，这就难了。等遇上罢运，矛盾激化爆发，就更难了。好比修车，平时不维修保养，等到跑不动才想要大修，麻烦就大了。

其实在潘华强意识到管理难之前，已经对他有过一次预警，那是与一个陌生人的交谈……

从陌生人变成无话不聊的朋友，这个快速转变是在旅途中完成的。

那是一位探亲后回部队的中年军人，从十堰到武汉的大巴上恰是潘华强的邻座，得知潘华强经营着一家出租车公司。

“哦，经营出租车?很难经营的行当。”

“难？”潘华强感到意外，当时正是公司大把赚钱的时候，有什么难！

见这位年轻人笑着反问一个“难”后便不接话，军人便说：“看来你干得不错。”

两人都没吱声。

车厢电视里正播一部武打片。

“如果让我选择，带一个团还是办个出租车公司，我情愿带团。”军人自言自语。

“为什么？”潘华强感到好奇，他看过不少反映部队训练的电视片，还有电影《大阅兵》，带兵多艰苦多难哇！

这位看来是团级干部的军人告诉他，为什么管一个出租车公司那么难：“我们部队是封闭式管理，讲的是服从，你们是开放式的，面对的是一个复杂的社会，能关起门来办公司吗？不能。再说，让出租车司机讲服从？那可比让一个士兵服从组织纪律难多喽！”

他给潘华强讲了几个自己亲身遇到的出租车司机的故事，归结起来无非是：一，几乎没有不骂公司和老板的，公司老板克扣他们的收入，是“周扒皮”。二，有的出租车司机听你口音是外地的，不熟悉路，就绕道兜圈子，多收费来宰客！三，他的一个侄儿半年丢了三部

◎八大文化两个家，创星服务人文化。

手机，都是落在出租车里，找不回来。有个出租车给了发票可以查到司机，但司机就是不认账，有什么办法！还有一次刚下车就记起手机忘在车上了，用公用电话拨了手机号，响了几秒钟就关机了，眼巴巴瞅着那辆出租车拐弯消失了……

潘华强听了军人一席话沉默了，陷入沉思。这些情况他不是不知道，也常听说，不过从管理上杜绝这些出租车行业的痼疾谈何容易！

“比带一个团的兵还难！”……

到班费制实施后，在潘华强考虑下一步该怎么走

创星服务人文化

开展创“星”服务，把出租车建成顾客的旅途之家

的哥（的姐）党员艺术团

为丰富的哥（的姐）党员文化生活，陶冶的哥（的姐）党员艺术情操，公司聘请知名艺人尚兴岐为工会副主席，组建了顺强艺术团，并配有曲胡、板胡、二胡、三弦、笙、箫、号、电子琴、架子鼓、军鼓等乐器，艺术团演唱的地方戏曲、预剧、小演唱、大合唱、小品、快板舞等节目深受的哥（的姐）党员喜爱。

的哥（的姐）党员社保劳保工程

按照十堰市交通运管部门2008年12月出台的“出租汽车十三条新政策”要求，顺强公司及时落实驾驶员社保金，并为出租车驾驶员免费按季节发放工装、棉袄及防暑降温费等，按月发放毛巾、手套、保洁等劳保用品，公司研发了一流的出租车管理软件，车辆安装了先进的GPS安全设备。

的士岛

为解决的哥（的姐）党员夜间休息时停车难问题，公司将王府井6800余平米（其中地上1000平米、地下5800平米）场地无偿提供给的哥（的姐）党员夜间停车，此停车场取名为“的士岛”。

的哥（的姐）党员餐厅

为的哥（的姐）党员提供优雅宜人的就餐环境与美味餐饮，让的哥（的姐）党员回到公司就有回家的感觉。

时，这段插曲又从记忆深处钻了出来，让他警醒。

仅有好的制度还不够，公司管理关键在于人——出租车驾驶员，让他们从散兵游勇变成真正意义上的企业员工，这才是难点所在！

2009年，顺强公司在非公企业大力开展创先争优活动，创新提出构建“两个家”人文化服务新理念，并投入1500万元建成了出租汽车综合服务中心，率先推出了以人性化、人本化、人文化为主题的的哥的姐党员八大工程和的士文化工程建设，同时自主研发了星级服务车管理系统和出租汽车管理系统，实现党员星级服务车管理科学化、信息化，把顺强出租车建成全国一流的公共服务产品和城市文化品牌。

先谈“两个家”的人文化服务新理念，这是由班费制进一步延伸并深入后推出的一个新理念。班费制的好处是解决了收入分配问题，驾驶员待遇提高了，并且今后日子有了保障，这样就从根本上改善了劳资关系。

但是要服好务可不是一个简单的问题，还有一个转变观念的问题。倘若仍像以前那样，司机就管开车挣钱，服好务是公司的事。那么“福祉众生”就成了一句空话。

服务态度好不好，出租车公司盯不住，几百辆车怎么盯？

转变观念就是让的哥的姐从心里认同公司，增强他们的归属感和责任感，把公司当成自己的家。

同在一个屋檐下才能风雨同舟，甘苦与共。

这是的哥的姐之家，第二个家，目得就是要把每辆出租车打造成乘客的流动之家，归根结底就是要让驾驶员自觉地为乘客服好务，让广大的市民共享这座城市社会主义精神文明成果。

没有第一个家作为前提，第二个家就是空话。

不说空话、大话的潘华强为这个的哥的姐之家忙碌起来。

什么是家？赫勒在《日常生活》中说，回家意味着回归到我们了解的、习惯的、在那里感到安全的且情感关系最为强烈的坚实位置。

这个定义对于的哥的姐有些拗口，不太容易理解。潘华强就从中提炼出两个关键词，所谓家，一是有安全感，二是有感情。前者在班费制里已经找到，顺强确保每个人生活有保障，免去他们的后顾之忧，让顺强人有安全感。

对公司有感情，这感情从哪里来？潘华强提出以服务带服务。过去老强调出租车要为乘客服好务，那只是单方面付出，现在要强调公司为驾驶员服好务。公司的职能转变了，不再是高高在上，动辄对驾驶员处罚，现在角色转换了，主动关心驾驶员，嘘寒问暖为他们服务，公司员工的感情就变得融洽了。

这是很简单的道理。

林语堂对家的诠释也是简单的，直截了当一句话，他说："幸福应首先在家里找到。"

如果的哥的姐在顺强有了幸福感，那就真的把公司当成了家。

视员工为企业发展最宝贵资源的潘华强，明确要求公司管理层要关心员工、关爱员工、依靠员工，为此必须做到"五个关心"。

一是经济上关心。班费制经营模式之所以能够成功推广，就在于企业真正替一线驾驶员着想，让驾驶员不再交高额押金，不再承担维修费、检测费等，减轻了驾驶员的经济负担。二是生活上关心。公司在全市范围内兴建三家的士餐厅，被授予五星、四星的驾驶员均享受免费午餐，三星级驾驶员享受半价午餐，这样既方便了员工，又起到了激励员工的作用。三是心理上关心。炎炎夏日，公司开展献爱心、送清凉、共享美好旅程活动，管理人员走向街头向驾驶员、乘客送上矿泉水、西瓜、风油精和毛巾等解暑降温物品。寒冬腊月，公司为员工送上棉手套、棉袜和护肤用品。倾力打造家的感觉，让员工心里温馨、有归属感。并且公司每月举办一次文艺联欢活动，为员工展示才能、体现成就感搭建平台。四是成长上关心。为员工成才铺设跑道，公司加入中国最大的培训教育集团在线商学院，让的哥的姐人人可以受到大学教育。五是困难时关心。对家境贫困或遭不幸的员工倾情帮助，同时优先招聘下岗失业人员。这五个关心使员工对公司产生了不容低估的向心力和凝聚力。

12 兄弟同心

公司党委副书记、工会主席尚宏庭说，公司工会每年都要挑选最困难的四五十个驾驶员给予补助，挑选难度很大，必须深入到驾驶员中间进行摸底排查，不能出错，尤其不能把真正的困难户漏掉，几百号人都盯着呢。补助款就是及时雨，少则三五百元多则一千元，或者一袋米、一袋面，公司领导亲自送到家里。过年时每人两壶油、两箱水果，全公司累计起来开支真不算小。潘董舍得为员工花钱，他看重的是这份心意，送去的是公司的关爱和温暖，所以对特别困难的员工必须由工会领导或他本人前去看望。还有因病住院的，公司规定要把救济钱物送到病床上。

驾驶员李培勇小日子过得挺滋润，既没有经济困难又健健康康，却也受到过公司一次特殊关照。

一次他接到家里打来的电话，母亲告诉他公司送来两百元补助。

什么补助，他没弄明白。

母亲告诉他，家里遇到大雨，山体滑坡，墙上砸了个洞。对呀，小李记得这事，本说过几天回去看看，一忙竟没顾上，可这事他没对公司任何人说过，又不是大事，怎么惊动了公司？

会不会母亲弄错了，或许是哪位亲戚朋友热心帮忙？

“没错。”母亲说得很肯定，“来的人说是顺强公司的。”

放下电话寻思一阵，小李更觉得奇怪。

经过打听才知道是工会送去两百元。

他很不客气地问母亲：“是不是你们自己找的，这么点小事儿还要麻烦公司！”

“谁会做这种事，想都没想过！”母亲呛了他一句。

原来是报纸上登了灾情消息，经查李培勇的老家就在灾区，工会主动打电话询问，核定受灾属实才有送款一事。

小李弄清事情缘由，放下电话，一团暖流涌上心头……

家在哪儿？就在顺强啊！后来他又把在一个国企当车间主任的哥哥也动员进了顺强。

事出有因。他哥哥一次去青海出差，返程时大巴出了交通事故，他伤得不轻，腿部骨折。虽未致残，当个指挥别人干活的车间主任也无大碍，可他本人有些灰心，想换个地儿挪窝了。或许是他考虑得太多，厂里也并没有不让他干主任这话儿呀。

◎在顺强公司，我们就是不同血缘却亲如一家的兄弟姐妹!

他出院在家休养的时候就开始活动，找了几家都不满意。弟弟培勇就建议他干脆来顺强吧。顺强如何如何好培勇说了一大通。好是好，弟弟不会对他说假话，但究竟顺强如何，他得亲眼看看。

也巧，他一进顺强公司办公楼就见一群人簇拥着一个中年男子边参观边介绍，还有不少记者忙前忙后地拍照。

他悄声问一个看热闹的年轻人，那个人是谁？

“连他都不知道呀？”年轻人有些瞧不起打听者的表情，“人家是省里大官！”

年轻人说完就跟着人群挤上了楼。

培勇他哥愣在那里，知道这会儿是不对外办公的，就回家了。在路上他想，看来顺强发展势头好，有发展前途，他工作的那个国企连市领导都不去，日子越来越难。

他又找来培勇问清楚情况，待遇条件一点不比国企差，他听罢就下了决心。

“树挪死，人挪活”，还犹豫个啥！

其实培勇说的钱挣得多呀，啥费都免了呀，顺强的这些优势他哥都听进去了，但最打动他哥的却是谁都想不到的一件事：顺强还时不时要开个会。

开会？出租车公司也兴这个？

兴，当然兴。培勇答道，奇怪他哥怎么对开会有这么大的兴趣，一听开会就兴奋得两眼瞪成了牛眼睛。

他哥去顺强报了名，回来就有些发蔫，原以为当个出租车司机还不容易？填表时才听说报名的人可多啦，他排在百名之后。

这要等到猴年马月！

出乎意料的是他很快接到录用通知电话。

莫非培勇走了路子？培勇是五星级驾驶员，在公司说得上话。

培勇说他没走什么路子，凭他哥这条件摆在那儿，用得着走后门？公司录用人有四个优先：一党员优先，二大学生优先，三军人优先，四有专业特长的优先。他哥不仅是党员，还是个不大不小的干部，不优先才怪！

培勇他哥顺顺当当进了顺强公司，当上了一名出租汽车驾驶员。

兄弟俩同在一个公司，开会在一起，在公司俱乐部又玩在一起，比以往在家里待在一起的时间还多。后来认识的人多了，才知道还有姐弟在同一个公司的，更多的是夫妻档，夫妻对开同一辆车，你白天我夜晚，家里总有人照料。在顺强有那么多夫妻档，说明信的就是在顺强有奔头。浓浓的亲情聚在了顺强，让“公司就是家”这句话从口头进到了心头。

13 姐妹情深

顺强真是可遇不可求的大家庭啊，跨进门就春风扑面。莫不是前世有缘，本不是兄弟姐妹的，在这里，在漂泊的的士生涯中结成了姐妹。

的姐冯梅与管理层的胡静便是在车管和被管中建立了亲如姐妹的关系。

她俩的友谊颇有点不同寻常。说起年龄，冯梅40多岁了，胡静才30岁左右，多少有点代沟吧。要论性格，小胡喜欢与人打交道，说起话来一脸笑。冯梅沉默寡言，老是沉着脸，本来嘛，离过婚的人有什么好说的。

她俩走近是源于一次乘客投诉，乘客说冯梅“劫走了他们的两只箱子”。投诉者愤愤然，不但找公司扯皮，还电话报了警，派出所民警也赶来了。这影响够坏的，外地人以后该怎么看十堰市？出租车司机贪财，劫走乘客的两只箱子！

小胡是负责接待投诉的，她先让客人坐下来，递上茶水，说公司一定追查这件事。

然后给冯梅去了电话。“马上赶过来！”她压低嗓子叮嘱了一句，“投诉你的，要有思想准备……”

冯梅一进投诉中心的门，两个客人就忽地一声站起来，吼道：“就是她！”民警也警惕地皱起眉头上下打量她。

冯梅一脸笑容，被投诉？她还从未经历过这种事，挺新鲜的。

小胡简单把事情原委说了一下，问冯梅：“你后备箱里放着两只箱子，你不知道吗？”

冯梅收了笑容，茫然地摇摇头。

“你还装！没等我们拿箱子，你就开着车飞快地跑掉了……”

乘客说着怒火又上来了，伸手要抓冯梅的衣领。

“有事说事，不要动手！”警察给拦开了。

“她是故意的，不然怎么跑得飞快，喊她都装着没听见……幸亏我们记住了车牌号，不然还真便宜了她！”那乘客不依不饶，像是当场抓住了一个小偷。

这不是诬陷吗？冯梅眼泪都出来了，在眼眶里打转转。当时收钱找钱费了不少时间，与此同时另一个乘客去拿行李，她明明听到按开了后箱盖的声音，怎么会没拿到行李呢？如果在平时冯梅总会下车帮客人拿行李的，遇到老弱病残还要送上一段路，这是习惯。至于飞快地离开停车点，是因为客人要去的火车南站是不让停车的，为了方便乘客就得赶紧停尽快走，她连车也不敢下，担心警察过来。

“还狡辩，你就是故意的！见财起心！”

小胡觉得这乘客闹得过分了，好言好语劝解着，心里也替冯梅叫屈。冯姐是公司五星级驾驶员，又开的是示范性的“刚毅号”，这是人家多少年干出来的。就这个冯姐从来拾金不昧，遇到客人遗忘了东西在车上，每次心急火燎地往公司上交。

这些你乘客不知道，不怪你。但冯姐是不是故意拐走两个箱子，一看就明白，人家坦坦荡荡进的门，脸上挂着笑，你见过这样的小偷吗？

那两个乘客还哼哼唧唧地数落着，一副不肯善罢甘休的样子。

小胡扭头看了一眼墙上的挂钟说：“你们还要赶火车呢，得抓紧时间哪！”

事情已经弄清楚了，再磨叽不走又会生出些事端。凭经验小胡知道，弄不好乘客还会扯皮要求赔偿什么损失。

果然对方开口讲条件了，一副吃惊的表情说道：“这就算完了？没那么简单吧！”

小胡维持着尽可能亲切的微笑，眼睛却求助地望了望民警。

民警会意，明摆着还想挑事嘛。便对那两人一挥手："走吧走吧，事情已弄清楚，司机不是故意的，你们也有一半责任。"

我们有什么责任？那两个乘客想问，但话没出口，眼睛狠狠地盯着民警。

民警伸手拍拍一个乘客的背，有劝和的意思，然而下手很重，好像在说：再闹，我就不客气了。

小胡见事态平息，就大声对冯姐说："冯姐，你还是把他们送到南站吧——免费送！"

冯姐边往门口走边答："知道啦！"

小胡对着她远去的背影补了一句："费用由公司出！"人家冯姐为这事耽误了生意，这笔费用该公司付。

"不用了。"冯梅在楼梯上回答。

把客人送到南站，冯梅又开着车拉客了。

一会儿小胡来电话："冯姐，今天让你受委屈了！"

"没事。"公司一再强调，出租车驾驶员干的就是委屈服务嘛！

小胡听冯姐就回答了"没事"两个字就没话了。便对冯姐说："公司信任你，这事别往心里去。"

聊了两句家常结束谈话，临到挂电话小胡又叮嘱道："中午吃好饭，身体要紧！"

冯梅放下电话，感到鼻子有点发酸。前面路口的红灯亮了，她把车速放慢后将车停了下来。她想，一个女人出来闯生活、开的士容易吗？该有多少难处！可一句贴心的话就能让她感到有活头，看到希望，小胡的几句话就是这样，贴心贴肺像个妹妹说的。

绿灯亮了，她习惯地踩了一下油门，随着缓行的车流往前驶。她顺手抹了一把眼睛，巴掌竟是湿的，又陷入了回忆。

没几个人知道，冯梅的姥爷也是开汽车的，给人跑运输，但一次交通事故中撞死了人，“哐当”一声给关进了“号子”。“呜……千不该万不该！”他蹲在牢里捶着脑袋，成天骂自己，千不该万不该，不该当个倒霉的司机！在农村长大的冯梅，虽与别的农村女孩一样幻想着进城，过上两腿不沾泥巴的日子，但干啥都行，就是不能像姥爷那样去当个倒霉的司机！

但她偏偏当上了司机！这是命哪！

只读到初中就半途辍学的冯梅进十堰市打上了工，农民工能挣几个钱？累死累活月薪几百元，从500元涨到900元就到了顶，这点钱连租个像样的房子都不够，每月80元租金的出租屋仅够放一张床，她每天进门就上床睡觉。

她实在熬不住了，辞了工作，在家待了3个月。连便宜的出租屋也住不起了，寄住在一个亲戚那里，没有饭钱，厚着脸皮让父母周济。靠种田为生的父母从牙缝里挤出百八十元钱寄给城里的女儿。

她真是走投无路。

一天在街上遇到一个朋友，得知冯梅闲了3个月没活干。

“没一技之长，能挣啥钱？”

“你现在干啥活儿？”冯梅问。

“开车。”

冯梅一听就没了再谈的兴趣，她想起坐牢的姥爷。

“这是技术活，每月能挣一两千呢！”

“一两千？”冯梅眼睛睁大了，不敢相信，简直是天文数字！

“你不信？”

冯梅信，朋友的衣着比她光鲜多了。

冯梅一咬牙进了驾校学开车，拿到驾照后进了顺强。

进顺强是7年前的事了，头个月拿到1000元，突破了打工赚钱的记录。领了工资她就往邮局跑，给父母汇了500元。这是还债，她欠了父母太多！从邮局出来，堵在她胸口那个上不去下不来的疙瘩消了。

班费制实施后，她的日子真的过好了，结了婚有了孩子又买了一套新房子——按揭的，那时十堰房价便宜，一平米2000多元。

有了房子便有了底气，这才像个城里人了。

哪知有了孩子又没了老公——离了！老公与她“同是天涯沦落人”，有一搭没一搭地帮人代班开车，俩人以前就认识，就把婚给结了。之后孩子出生了，按理该过安稳日子了，哪知他迷上了打牌，出了车门就上牌桌，一刻也不耽误，带“彩”赌钱上了瘾，深更半夜不落屋。

这日子没法往下过。

离婚！冯梅一人带着孩子过起单亲生活。

那难处跟谁说？命苦，能怪谁！

处处要强的冯梅打掉牙往肚里吞，再难也不能苦了孩子。她从一星到两星再到三星级驾驶员，可以吃半费午餐了，每天省下3块钱给孩子买盒牛奶喝。到成为四星、五星级驾驶员，午餐全免费，她便想着攒钱给孩子买件新衣服。每年上千元补助，当母亲的她心里就算盘着给孩子买什么礼物！

当孩子拿着新买的玩具跑出门跟邻居小伙伴玩时，冯梅脸上的愁纹才舒展开来，但随即就紧张地支起耳朵听着，生怕别家孩子问：“你爸呢？”

孩子他爸在牌桌上，硬是把她娘俩给忘了！别人家高兴是三口子笑，可她冯梅缺一口子，要笑也没那份热闹。

缺就缺在那儿了，补不上。

不知怎么的，她离婚的消息还是传了出去，瞒不住，连公司的副总刘翠兰也听说了，见了她就拉着手让进她的办公室劝慰一番。

的哥的姐们亲切地叫刘总“刘大姐”，她平时说话高声大气，声音嗡嗡地在办公楼走廊里响着，跟冯梅说起家长里短却压低了嗓子，轻声细语。

“为孩子着想，还是复婚吧。唉，女人总是惦记着孩子，毕竟你老公还是孩子他爸嘛。”

刘总又举些例子，那谁谁谁不是离了又为孩子复了婚，小日子也过得不错嘛。

听的多了，冯梅就不再坚持，复了婚，凑合着过吧。

见冯梅两口子“破镜重圆”，刘总比她还高兴。笑得合不拢嘴，把她拉到身边坐下，又沏了杯茶递到她手上，柔着声说：“别想多了，今后好好过日子！”

刘总想得很细，又把冯梅那口子调到顺强，让两人开起了对班车，这样家里总有个人，可以好好照顾孩子，另外呢，安排她老公开夜班，把打牌的时间挤掉了，家里就一步步走上了正轨。

冯梅打心里感谢刘总，觉得她像自己亲姐姐一样。

不错，冯梅还有个亲妹妹一样的小胡。小胡虽然管她，但不像刘总是“大领导”，因此她俩相处更亲密些。

冯梅遇到什么值得高兴的事，第一个想到的是胡静，一定最先告诉她。

她告诉小胡，最近一个高考生中榜，他妈给冯梅来电话，邀请她去一家酒店吃喜庆酒。被邀请的人不多，除了亲朋好友、学校老师，再加上她这个免费接送高考生的的姐。冯梅3天接送跑了12趟，与考生全家都熟了。

听冯梅一说，小胡连声说：“太好了，太好了，你为公司也争了光！”

小胡嘱咐冯梅，今天早点收班，回去打扮一下。

冯梅说：“我没答应去。”

“为什么，人家诚心诚意请你啊！”小胡语气有些急，冯姐免费送高考生几年来屡获表扬，这次人家请客邀她参加。难得呀！

“我还开着车呢，就婉言谢绝了。”

小胡替她遗憾，干嘛不去呢？多喜庆的事哦。挂完电话还叹了一口气。

冯梅开车不方便去当然是托词。她不是不想去，只是觉得自己只不过接送过几次人家孩子，这是公司安排给自己的任务，自个儿没资格拿人家的“筷子”。

没有遗憾只有高兴的冯梅，始终记住那个邀请电话，高考过去一个多月了别人还没忘记开车接送考生的她，够了！想起来就开心，美滋滋的！

小胡一如既往地惦记她，给她打电话。有时临时倒班开夜班车，小胡的电话就来了。

“冯姐，你开晚班啦？”

“是呀，你怎么知道的？”电话那头笑笑不回答，叮嘱：“一定要注意安全，远的地方别去……”

◎又到了每周文化活动日，大家争着报名展示才艺。

短短几句话后胡静挂了电话。小胡有家有口，孩子还小，忙中记得来个电话，是真的惦记冯梅啊。

大街上人影渐少，霓虹灯却依然红红绿绿地变换闪耀，都市的夜景好美。

胡静对冯梅的关心是打心底来的，出于一个女人对另一个女人暗自产生的、抑制不住的同情，还有敬佩。相比起来，她胡静的生活够顺了。幼师毕业当了一个幼儿园老师，生活在一群天真活泼的孩子中间，成天被孩子们围着“阿姨阿姨”地叫着，家长“胡老师”长“胡老师”短地也叫着，捧着她呢。谁不想和自己孩子的老师处好关系呢？3年后她辞了幼儿园工作进了顺强，那家幼儿园改民营，私人老板来了，小胡觉得心里不舒服。在顺强坐办公室，属于管理层，合她心意。遇到冯梅后她有了一个新的可比对象。冯梅好像一面镜子，让小胡照见了自己的幸福。看看人家冯梅多不容易，一个农家女，文化又不高，闯荡一座东南西北摸不着门的城市，难处可想而知。冯姐却硬是一级级从最低台阶做到顶级，成为五星级驾驶员，开上了“刚毅号”，让人刮目相看。

胡静叹服这个要强而又倔强的女人。

小胡对冯姐的关心，也是公司制度的要求。每个管理人员要分管30辆车，哪辆车出了问题要“顺藤摸瓜”地追查到分管人员，逃不掉干系。小胡分管的车里便有冯姐的。因此她对冯姐的关心是双重的，既有分管人员的一份责任，又有情感的纽带连着。这两种各不相同的成分合在一起，难以分开。冯姐日子不顺，小胡除了同情，在责任上又加了一码，怕她分心。

小胡肩上压着责任，每天都过得很累。她所在的服务中心，承担着四项任务：一是负责接待，既对驾驶员又对顾客；二是受理投诉，为顾客解决问题；三是办理失物查询；四是为驾驶员当管家。这四项任务一项也不能少，够她忙得团团转。晚上回家后又累又躁，老公就说："唉，自到了顺强老婆脾气也变了。"

这评价有理却无由，在冯姐看来小胡这人脾气永远那么好，她与小胡老公对小胡的评价截然不同。

14 民心工程

对于“两个家”的构筑，潘华强高度重视。他认为：出租汽车行业是重要的特殊行业，是文明城市的第一窗口，出租客运服务仅靠制度规范是不够的，还需要人文关怀。对于冯梅、朱朝伟、刘玉这些的哥的姐，仅靠提高他们的经济收入是不够的。如果缺了公司对他们的人文关怀，单纯地让员工多赚钱，他们唯一的奋斗目标就成了赚钱，就会迷失方向，为人民服务就会变成为人民币服务。这可不是顺强公司的初衷。

驾驶员在改善经济条件的基础上，必须要提高自身素质，改善精神面貌，这才是关键所在。

构建以“两个家”理念为核心的的士文化，创建人文化服务，才能与顾客共享美好旅程，打造全国一流出租汽车服务品牌。从的哥的姐之家，延伸到旅客出行愉快的旅途之家。

潘华强想做的就是以“两个家”理念为基础，把“顺强车”打造成为继武当山、丹江水库（南水北调工程的源头）、汽车城（东风汽车公司总部）之后，展示十堰城市形象的又一张新名片。

这张新名片传递出的，应该是一个民营公司焕发出的人文化关怀的温馨。

这就是2009年潘华强的思路，必须以文化创新带动经营战略的创新，形成具有鲜明顺强特色的经营战略、经营模式，打造顺强品牌，让文化软实力成为企业发展的硬支撑。

同年，顺强“的士八大文化工程”建设的序幕正式拉开。

潘华强明确指出，如果说班费制是“取势”，探明“罢运”这个社会顽疾的来由，审时度势来改善劳资关系，推行“以员工为企业真正的主人”的改革措施，走“前无古人”的新路。那么“两个家”和“八大文化工程”建设则是再度深化改革，在人性化管理中全面提升员工的素质，使其不但在名义上而且要在思想意识上在精神上成为真正的主人。

他称此为“明道”。

道为术之灵，术为道之体；以道统术，以术得道。凡在激烈的行业竞争中游刃有余者，皆懂“明道”。潘

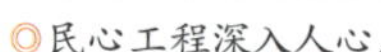
◎民心工程深入人心。

华强总结行业规律，洞悉未来发展趋势，并在此基础上不断创新，形成独具特色的顺强的士文化，为企业管理注入深厚的内涵。

为了践行“的士文化”，潘华强拿出1500万元巨资加强基础建设，启动了以人性化、人本化、人文化为主题的顺强“的士八大文化工程”，即：“的哥的姐书屋”、“的哥的姐网吧”、“的哥的姐娱乐室”、“的哥的姐艺术团”、“的哥的姐餐厅”、“的哥的姐培训中心”、“的哥的姐社保劳保工程”和“的士岛”。通过的士文化工程建设，陶冶了员工情操，开拓了员工眼界和视野。在这种良好的人文环境熏陶下，员工综合素质得以提升。

顺强公司成为名副其实的“的哥的姐之家”，企业凝聚力、向心力大大增强。

老板拿出已赚到手的钱做企业文化——1500万元不是笔小钱——为什么？笔者采访时不禁好奇地问潘华强。

他便从头说起：早就想做。2008年在十堰赚了一笔钱，开发了一块房地产，卖得很火，就在北京路那条大道上，公司也搬过去，取名王府井广场，很气派，公司有焕然一新的感觉。他当时就想着用这笔钱圆自己的一个梦。

“不错，这笔钱钱数的确不小，但花得值。我总觉得要想往长远发展，一定要拿出一部分钱来稳定市场。市场好了，这个行业才能受益。”

潘华强入行以来感触很深的一点就是，出租车行业长远发展不太容易，呈现出 “三高一多”的特点，即风险高、投入高、社会关注度高，不稳定因素多。出租车行业是一个特殊且复杂的行业。同时，由于出租车司机这个群体整体文化素质不高，经营基础相对较差，个体情况千差万别，因此，出租车行业也是最难经营管理的行业。面对这样的现状，他对自己说，还真不能老想着挣多少钱，要想长远发展，首先得把出租车行业作为一项公益性事业、民心工程来做。通过加大基础设施建设和公益性投入，包括加大对八大文化工程建设的投入，提高驾驶员的素质，把市场逐步稳定起来，从而回报社会。这项工作难度挺大，但很有意义，要把出租车行业打造成市民满意、政府放心、司机安心和行业稳定的民心工程。

潘华强认定出租车管理就是一个社会的管理，每辆出租车都是一个活媒体，在想到这个问题时，惯性的数学思维又冒了出来，他算了一笔账：出租车是一对一服务，面对的是来自四面八方、五湖四海的客人，但凡乘客坐出租车聊起天，驾驶员就相当于一个城市的形象代言人。几句闲聊却举足轻重，往往能够直接影响乘客对这座城市的印象。人们会认为出租车司机是与这座城市接触最多的人，每天走街串巷，眼观六路，耳听八方，说的话当然可信。所以说出租车驾驶员尽管是小人物，可是影响力却不小。潘华强想，一辆出租车每天接送客人在100人次以上，一年累计就更多了，几百辆车加起来，其宣传的受众人数惊人，起码上千万！他又感叹道："一个城市的安定团结可不能忽略这些出租车司机呀！"

因此潘华强拿一大笔钱来搞"八大文化工程"并非花拳绣腿摆弄花架子，而是已经迫切到火烧眉毛的地步。总看第5步棋的潘华强，袖子一捋，这笔钱非投不可！

即便只考虑公司利益，这步棋也得走，晚走不如早走。出租车行业的特点是单车经营，驾驶员个人素质不提高，一散出去放了鸭子，规章制度在哪儿？再好的规章制度也难实施。

因此仅靠制度不行，哪家公司没有一套一套的制度？落到实处才算数！要落实，让司机自觉地照章办事，需要的是企业文化！

15 柳暗花明

走投无路、万般无奈的梁勇，硬着头皮找上门来，走进了顺强。

刚一进门他吃了一惊，不禁又退出去看了看，这是顺强？出租车公司？

梁勇愣在二楼大厅的楼梯口，不敢相信自己的眼睛。

宽敞明亮的大厅，大幅玻璃窗涌进亮得晃眼的阳光，将地上大块大块的大理石映得亮晶晶闪光。大厅里少说也有五六十人在活动，场面热闹非凡。

忽听一阵喝彩，梁勇吓了一跳，原来是旁边的乒乓球台有人比赛，一个秃顶胖子猛不防抽了一球，身子一栽像要摔倒的样子，那个白色的小球如箭一般射过去，对方没接住球，输了一分。观赛的几个年轻人就乐不可支地鼓掌闹腾起来。

◎快板儿、舞蹈、吹拉弹唱，我们顺强家人样样来得！

三个墨绿的乒乓球桌就这一桌最热闹，使得附近几个下棋的人也不安心，一边张望一边打听，谁赢了球？

秃头胖子用球拍在脸旁扇着风，高声道："小子，跟我叫劲，知道厉害了吧！"见对手不言语，"猫"着腰准备发狠球的样子，便说："告诉你，我要是不感冒发烧，你输得更惨！"

对方的球发得刁，胖子措手不及，歪歪趔趔没接着，就失了兴趣，道："不打了，出了一身汗，这感冒不用吃药了。"

梁勇转头看见一个长方形的柜台，台前有好几张玻璃凳子，抬头一看："顺强运业客服中心"几个大字，这才知道自己没走错门。

对，这正是他要找的地方。

柜台后面的小姐微笑地对他打招呼："先生，有什么事需要帮助吗？"见梁勇还没回过神，便添了一句："欢迎指导工作！"

梁勇不好意思地笑笑，"我指导什么工作，是来找工作的！"

那小姐就笑得更亲切，递给他一张表格，梁勇便填写起来。

写毕交了后，梁勇又细细地打量起了大厅。小姐见他困惑的表情，忙解释说："这是'的哥的姐之家'！"说着就出了柜台带他参观。

梁勇跟在她后面，那袅袅婷婷的身影也让他不太相信，怪了，还有这样子的出租车公司！

原来乒乓球桌和棋桌后面还有更大的空间，包括健身房、网吧、阅览室等。

自秃头胖子走后，大厅里安静不少。梁勇走到阅览室便见长桌两旁坐满了埋头看书的人。

书架上各式各样的书琳琅满目，除了交通运输类之外，还有法律法规类、历史类、文学类等等。

听那位小姐介绍，这里共有图书两万多册。“这么多？” 梁勇有点吃惊。

小姐看他惊讶地张着嘴，忍不住掩嘴而笑，突然问梁勇：“你一看就是搞文艺的，对么？”

梁勇脸一红，连忙否认，反问：“是不是我的头发留得比一般人长？”

“是呀，搞文艺的不是长头发就是光头”。

梁勇就说：“我一忙就顾不得理发，容易叫人误会。”

随即从书架上取下一大本书册，居然是一本乐谱。真是巧得有些出奇，怎么偏偏……

这是一本吉他曲谱，一些“豆芽”在5根线上错错落落。他哼了两句，是一首英格兰的乡村乐曲。

“哟，你还识五线谱呢！”

“中学时学过。”梁勇搪塞道。

那女孩就收起笑容道：“想进公司的人很多，要等一些日子。”

“等多久？”梁勇没想到还遇到这么个问题，等——他几乎等不及了，没工作的滋味他尝够了。

“不过，有文艺专长的可以优先。”

“是吗？”梁勇似乎看到希望，然后叹口气说：“可惜我不是搞文艺的！”

梁勇打定主意不再沾文艺的边儿。

他心灰意懒啊！

当初可不是这样。梁勇背着一把吉他，怀揣着一个懵懂的少年梦，只身来到大武汉。在湖北艺校里学了三年架子鼓，震得人耳麻心跳的鼓声激发了他闯荡江湖的雄心，九七年毕业证拿到手就去了岳阳。在“先天下之忧而忧”的岳阳楼附近的文化馆干了一阵子，梁勇就自己组建乐队扎进了歌厅。歌厅老板的钱都花在豪华装修上，金碧辉煌，付给乐队的钱却少得可怜，吹拉弹唱到半夜每人仅得5元钱。咬着牙坚持了三年，实在熬不下去了，挣的钱仅够糊口，比“北漂”还惨。他东借西挪凑了点钱开了个文印店，却揽不到啥生意，冷冷清清撑了两三年不得不关张。

他又没了路。

幸亏成了家，有了媳妇还添了个娃，没惨到“光杆司令”的地步。梁勇在文印店是个老板，又搞过文艺，两三个雇员中的一个湘妹子便跟他好上了。那妹子年纪轻，眉眼俊俏，上街时挺给他撑面子，俩人很快便结了婚。

当上“老板娘”的湘妹子，不甘心再打什么工，在朋友的撺掇下上了牌桌，日子一久再也离不开麻将，赌上了瘾。

在岳阳混不下去的梁勇向老婆提出要回老家时，却吃了个闭门羹。十堰？在那个山沟沟里，她才不去。湘妹子的倔强劲儿上来，便在离婚协议书上签了字。

梁勇的态度很坚决，独自一人回到十堰。按协议把孩子留在妈身边，他真成了“光杆司令”。

光杆就光杆，赚到钱还怕找不到老婆！

十堰也没那么容易赚钱。过去的老同学、朋友也帮不上多少忙，他就会个文艺，找工作路子太窄。好面子的梁勇终于在一家汽配店找了个活儿，当上了店长。虽然不再是文印店里自己说了算的老板，但他毕竟还是个店长，能指挥几个人的。他夜以继日地投入新工作，简直拿出了打架子鼓的疯狂劲儿，从陌生到熟悉再到工作出成绩，只用了半个月的时间。店铺一改往日的冷清，来的客人与日俱增，老板非常满意，拍着他的肩连呼好！工资却不多给，一千元封了顶，一分钱也不多给！

梁勇双手插在裤兜里，踌躇在街头。店长干不了了，他又成了无业游民，晚饭在哪儿？

顺强在招手！向他推荐顺强的朋友说，在那里工作每月工资是当店长的4倍。

“四千块钱？”梁勇以为自己听错了。一个出租车司机，居然比他当店长的收入高出这么多！

朋友点点头，朝他肩上拍一掌：“去吧，错不了。”

梁勇当天就去了，填表报名，而后又参观了“的哥的姐之家”，真是匪夷所思，这哪是出租车公司，简直像个科技园里的大公司，他回到家里还发愣……

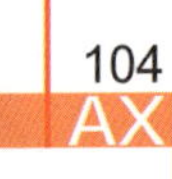

促使梁勇铁下心来开的士，还是源于一件很小的事：他在阅览室睄了一眼，发现一个书生也在长桌旁专心读书，白净的脸上架着一副眼镜，哪像的哥啊？他以目光示意，轻声问接待小姐：“那位也是的哥？”

小姐顺着他的目光瞅了一眼，随即点点头，小声道：“对呀，也是的！”

那个年近40岁的书生翻看的是一本外文书。

走到楼梯口梁勇又问：“那个的哥以前干啥的？”

“中学老师。”她见梁勇一脸不信的表情，笑道：“是正经八本的外语老师。”

梁勇心定了，的哥就的哥吧……现在连中学老师也转行开出租车，梁勇觉得心里宽慰不少。

踏踏实实等消息，他反倒不安起来。顺强有那么多人想进，谁知道自己进不进得去？自己排到一百多号——有点险呢！

电话来了，通知他去公司面试。

一路忐忑的他，万万没想到对他面试的“考官”居然是潘董。

不过，一见潘董他那悬着的心就落下了一半。潘董长得像北方人，浓眉大眼，笑起来挺憨厚的，哪像汽配店老板，笑起来声调高，脸上却是僵的，跟不上声音——皮笑肉不笑。

“你以前搞过文艺吗？”潘董问。

开门见山就这一句，弄得梁勇不知所措，赶紧摇摇头接着又失悔地点点头，摇摇点点把自己弄得尴尬起来。

潘董笑了，对他实话实说：“我们顺强就需要您这样的人才，有才艺专长的驾驶员可以优先录取。”

为自己的失态而窘红了脸的梁勇，没有接话，搞文艺伤了心，当年的豪情早已不再——那个背着一把吉他跳上火车去武汉赶考的初中生，还有那个信心满满组建乐队，登上岳阳楼高呼范仲淹名句“后天下之乐而乐”的他乐不起来了，当年一脸的泪，只换回最后的一杯散伙酒。

他怕回忆这些，勾起伤心事，那些文艺梦啊太不现实，首先得混饱肚子！

跟潘董聊了一会儿天，临走时潘董对不愿再搞文艺的梁勇说：“我们这里有一套架子鼓，你帮忙看看这鼓买得合不合适？”

梁勇便坐在了大厅的乐队中，定了定神，然后敲开了。四周静下来，吹萨克斯、拉提琴、吹长笛的乐队人员停下，听他鼓棒上下翻飞、节奏急促、壮怀激烈的演奏。

掌声喝彩声中戛然而止的架子鼓声久久回荡。

这样，梁勇进了顺强，两年后又入了党，开上了五星级车——“刚毅号”。

好像进了顺强梁勇自己的生活也顺当了。

知足惜福的梁勇把家的缺憾也补上了。近年交了个女友，挺合得来，女方不计较梁勇有过婚史，还带着一个12岁的儿子，她也一样，离过婚带着一个女儿。俩人反倒惺惺相惜起来。

梁勇现在每月收入远不止4000元钱呢。“刚毅号”有不菲的奖励，还有，每周参加文艺活动有300元补助。

梁勇的音乐梦也在顺强重新绽放。

16 八大港湾

参观“八大文化工程”，好像一次奇妙的旅程，让人惊喜，这是出租车公司吗？是的，这是一个崭新的模式，它属于未来——顺强走在了前面。

在健身房见到培勇他哥，一位国企车间主任转行来当了出租车驾驶员。他练得满头大汗地从器械上下来，听我问他腿伤恢复得咋样，说下班就过来练一阵，康复得很快。

“挺好挺好！”他连声说。

我打趣问他：“来到这里也一样开会吧？”

他有些不好意思，摸摸脑袋笑道：“在国企习惯开会了，总觉得有会开才正规。再说，公司领导通过会议征求我们驾驶员的意见，也是讲民主嘛！”

顺强的网吧不同于街头那些店铺，600台电脑排列整齐，井然有序，但见人头攒动，气氛活跃。笔者漫步其间，看大家在忙乎什么？其中一位的姐在网络上查美国的财政赤字，旁边摊着一个小本，见我疑惑的目光便红着脸笑道："要参加演讲比赛，做准备呢。"

旁边一台电脑前一个小伙子在键盘上噼里啪啦敲了一阵，点出一个表情符号，QQ上跃出一张笑脸，咧开的嘴如上翘的弯月……

棋牌室里欢声笑语。扑克桌上两人在扯皮，一个说底牌被偷看了，被"冤枉"的人便举着手发誓："绝没有偷看，谁偷看谁就……"

"玩牌赌点钱吧？"笔者逗趣地问。

"赌钱？在公司赌什么钱！"举手发誓的年轻人好像说漏了嘴，连忙纠正道："其实在外面也不赌！"

另三位纷纷点头赞同，其一说："玩扑克图的是放松，开了一夜的车太闷了！"

"在这里交到朋友，开心！开心嘛，花钱也买不来！"大家七嘴八舌争相表白。

最热闹的是艺术团。恰是周四排练日，有朗诵的，抑扬顿挫间居然口音纯正，完全没有十堰调调。舞者十数人，男女各半，若有某人跳错节拍大伙儿便轰叫"重来重来"，且跳且笑且击掌。还有排练小品的，女主角是30来岁的的姐，瞪圆了双眼、嘴咧得老大，像极了宋丹丹。唐山话说得有点走调，便把演对手戏的男主角逗得噗嗤乐开了。“让你笑！”她在他的背上锤了两拳。

萨克斯风吹响了，一曲《回家》荡漾开来。吹奏者长发飘飘，身体随之扭动，神色陶醉。与萨克斯合奏的是架子鼓，梁勇把鼓槌举了起来，见笔者也站在拉琴、吹长笛等十来人中间，向笔者点头示意后便擂响鼓声。急迫的节奏，像是快到家门加快了步子，像是见到亲人悲喜交加、相拥而泣，又像是漂泊在外多年终于回来、叫着喊着哭着！

回家回家！那萨克斯风那架子鼓合奏的旋律，在我心底盘旋，久久不散！

“八大文化工程”受到的哥的姐的由衷欢迎，他们这样评价：“的哥的姐书屋”是的哥的姐知识的加油

◎弹弹琴、跳跳舞，这样的日子真幸福！

站；“的哥的姐网吧”是的哥的姐了解世界的窗口；“的哥的姐娱乐室”是的哥的姐寓教于乐的乐园；“的哥的姐艺术团”是的哥的姐陶冶情操的天堂；“的士岛”是的哥的姐停泊的港湾；“的哥的姐餐厅”是的哥的姐温馨交流的家园；“的哥的姐培训中心”是的哥的姐培优服务的基地；“的哥的姐社保劳保工程”是的哥的姐福利的保障。

说得多好！道出了的哥的姐心声。公司把这些民间的顺口溜收集上来，稍稍加工，便上了“大事记”，使之成为民心工程的见证。

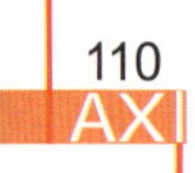

我去体验过一次“的哥的姐餐厅”，说得文雅一点，那是一次味觉的旅行。两荤两素盛放在一个橘红的带着凹陷方格的塑料盘中，米饭自取，不限量。轮到我打菜时有些挑花了眼，十几个不同的菜肴点哪几样呢，打菜的炊事员晃着手中的长柄勺催促道：“快点，后面的人还等着呢。”我便点了素炒菜苔、麻婆豆腐、鱼香肉丝和木耳炒肉片。见一方桌旁还空着两个座位便坐下。对面的年轻的哥狼吞虎咽，边吃便问：“报社的领导吧？”

“啊，不是，我是听说这里伙食不错来蹭一顿饭的。”我开玩笑道。

“伙食还说得过去，主要是吃得放心，不担心地沟油！”

“瞧你说的，”我邻座的一个姑娘说道，“人家在吃饭，你却地沟油地沟油的，听得恶心！”

小伙子扮了个鬼脸埋下头继续吃饭。

坐在斜对面的公司领导说：“这里吃的确实叫人放心，公司有专人负责监督，进的油都是大超市的，还挑选非转基因的。”

又说：“潘董还经常过来看看，深入到厨房检查呢，认真得很！”

小伙子边大口扒饭边点头，说：“以前在大排档吃，味道倒可以，但不放心，老怕吃出个死蟑螂！”

女孩听不下去愤而离去，临走丢下一句：“你还要不要人吃饭哪？”

小伙子红着脸不再吱声。

见他憨憨的挺可爱，我又问：“你是吃的免费餐？”

“我是半价，三星级只交3块钱。”急忙扒完最后两口饭，临走说：“争取明年进四星，吃饭不花一分钱！省下钱好让我儿子吃进口奶粉！”

他笑着匆匆交空盘子去了。

17 家的温暖

在潘华强看来，“两个家”才是顺强的终极目标。班费制是经济手段，让驾驶员有安全感、稳定感、归宿感。如果过的是穷日子，有上顿没下顿，这个家非散伙不可。就是不散也得闹矛盾、扯皮，果真那样，“家和万事兴”就成了一句空话。

“八大文化工程”是文化手段，日子过好了但文化素质上不去还不行。单车经营尤其如此，仅靠监督不够，还得加上大家的自觉。素质提高便有了精神追求，境界就不一样了。

两手抓、两手都要硬。这样，公司这个大家庭就安稳、和谐、温馨了。第二个家也讲的是温馨，与第一个家不同，公司这个家是 “风雨不动安如山”，第二个家旅客之家却是流动之家。唯有对公司之家认同，旅客之家方能“畅通奔流”。犹如人体的血脉，“活血化淤”了，还担心罢运的“血栓”梗阻造成城市“偏瘫么”？这是治本，从根本上消除罢运这个社会顽疾，从而达到社会长治久安。

要让顾客认可出租车是他出行的流动之家不容易。

张先生将一笔巨款遗失在顺强出租车上，找回钱的同时让他找到了“家”的感觉。发现钱落在出租车上让他急得跺脚，怎么就这么糊涂，竟然忘了那笔巨款呢？那是15万元啊！到哪儿去找？他根本没留意车牌，只记得是顺强出租车，可一个公司的车近200辆，难道要一个一个查？就算查到了谁又会认这个账？他欲哭无泪，怀着万分之一的希望找到顺强客服中心。谁想到钱早已上交公司，等他来取。哎呀呀，菩萨保佑！失而复得的15万元一分不少，物归原主。

这样的好司机，社会正能量应该大力表扬，他当即放下1万元，一定要好好谢谢大恩人啊！

不用，不用了。客服中心服务人员告知他，这个驾驶员交了钱就跑车去了，再说公司已给了奖励，重奖2000元，足够了。

张先生抱着一捆钞票又是感叹又是鞠躬。感叹的是见到这么多钱却拾金不昧。鞠躬是因为人家公司管得好，奖励制度当场兑现，让好人好事越来越多，拾金不昧蔚然成风！

◎董事长潘华强向驾驶员们阐述“两个家”人文化的深刻内涵。

顺强公司确实管得好。顺强先后建立和完善了30多项管理制度，其中《好人好事即时奖励制度》让做好事的驾驶员在公司当场得到奖励。相类似的还有《驾驶员诉求接待制度》，让驾驶员的诉求能及时得到受理解决。

为打造顾客的“流动之家”，公司引入竞争机制，2010年年初创星级服务车，推出星级出租车文明服务“十大标准”，顺强驾驶员“十大基本功”，顺强的士服务“八大流程”等一系列规范化服务要求，公司实行日检查、月考核、季评定、半年总结授星。每名优秀员工奖励1000元，每个安全文明车组奖励2000元，把服务质量与出租车驾驶员的切身利益挂钩，对创建顾客的旅途之家起到了促进作用。

截至目前，顺强公司先后涌现出刚毅号、雷锋号和五星级驾驶员53人，荣获市级以上“五一劳动奖章”4人，拾金不昧、见义勇为等好人好事379件次，上交现金15万元，上交财物价值达130余万元，每年免费接送400多名路途较远乘车不便的中、高考考生。

为顾客服好务离不开驾驶员的高素质。高素质是培养出来的，自2010年以来，公司每年投入200万元用于职业培训，这是“八大工程”的内容之一。为此公司还编写了员工内训教材，并加入了中国最大的培训教育集团在线商学院，请国内外专家教授授课，让的哥的姐享受大学教育。学习热潮一浪高过一浪地掀起，文化程度不高、为“饭碗”闯江湖的的哥的姐，谁还敢梦想再读书呢？为养家糊口奔波的现实，早已磨尽了他们的少年求学梦，岂知百转千回的人生路，竟有柳暗花明的一日！

“两个家”的梦想逐步变成现实，没想到又迎来第三个“家”——“全国模范职工之家”，这是中华全国总工会授予企业的崇高荣誉，对顺强这是实至名归。

但凡挤得出时间就从不舍得落下一堂培训课的的哥张汉军，尝到了提高素质为乘客服务的甜头。张汉军40岁左右，高大魁梧，脸盘方方正正。他的经历挺丰富，曾经“关公走麦城”的经历没难倒他，最落魄时连一顿饭钱也付不起，那是在厦门找工作没着落时，他找到一个小饭铺要求抵押身份证吃顿饭。一碗素面，老板还不放心，把身份证仔细瞅了老半天，又对着灯辨别真伪。

这碗面让张汉军深深体会到啥叫幸福的底线，从此，有饭吃的张汉军总是乐呵呵的。

来顺强后他更乐了，认定开出租就是微笑服务。"微笑，是我跟亲人朋友、每一位顾客架起的沟通友谊的桥梁。"话说得文绉绉，接着他举了个挺实用的例子："假如说我遇到陌生人，我送他100块钱，他可能还觉得我不怀好意……而微笑就不同了，这是送给顾客最直接最廉价又最能接受的礼物。可以这样说，我送你微笑，你不接受也得接受。"

为了保持职业必需的微笑，张汉军开动脑子，发明了一种情绪测试表，他说："情绪变化像你的血管一样，正常的是三个星期一个循环。有一个波浪，这个波浪就相当于血管跳得快或慢，为什么说有时候人高兴时办什么都顺，心烦时办什么事都不顺呢？因为你高兴，你的血管是正常的，反应是很快的，处理很多事也是正常的。"

不管张汉军的道理是否是中规中矩的科学，事实是凭这个情绪测试表他创下了8年来顾客零投诉的记录。

要保持顾客零投诉太不容易！一辆出租车一天平均拉100个顾客，"人上一百形形色色"，遇到不讲道理的人怎么办？你的微笑他根本不领情，臭屁不理、胡搅蛮缠，又该怎么办？

张汉军有办法。一次上来一个怒气冲冲的中年人，还没坐下就骂开了，这么破的车，又窄，怎么让人坐呀！说着“哐当”一下把穿着尖头皮鞋的双脚翘放在仪表台上。

“麻烦你，把你的脚放下来好不好？”

“你这破车，老子能坐就不错了。我那车几十万知道吗？还把脚放下来，有必要么？”说着两只皮鞋在仪表台上互碰着，“咯咯咯咯”好像轻蔑地示威。

大张不再言语，这人在气头上别火上浇油。

“前面往左拐！”那人命令着。

车拐过去了，继续行驶。

“再往回拐！”又回拐，不是捉弄人吗？得，回拐就回拐。

来回倒腾，骂骂咧咧。

大张实在难以忍受，平时老对自己说干出租车就得学会忍耐，可忍耐也有极限啊。

他便说：“兄弟，你发牢骚这么半天我都不计较，沉默不代表是我的错。请你换位思考一下，如果你是我，你会无限度地容忍别人糟践吗？”

糟践，可不是吗？那顾客直视前方依然不看他，但两只皮鞋不再示威般地磕碰。

车内安静下来，骂骂咧咧的噪声不再泛滥。

大张按动了音响键，他是音乐发烧友，备了几十张音乐碟。他挑了一盘小提琴独奏曲，点了一曲最柔和的旋律，一双白羽擦着蓝天，悠然地盘旋。

旁白衬着音乐起来，很轻柔，大张说："兄弟，如果我哪里做得不好，下班我请你到咖啡厅去谈谈。"

音乐在继续，旁白断而又续地响起，却带着一些沧桑和感慨："如果你今天心情不好，希望你不要在我身上发泄。我毕竟是个服务者，不是受害者……"

架在仪表台上的那双皮鞋哆嗦了一下，接着缓缓地往回缩，撤了下来。

到了目的地，计费器显示13元，那人塞给大张的却是20元 ，并说不用找了。

下了车他回过头来，说："对不起，今天是我心情不好……"

他第一次正眼看到这位宣称自己"不是受害者"的的哥，方脸的哥对他友好地点头微笑。

还是朋友嘛！尽管友情来得晚了点……

坚持写了七千多篇日记，常被老婆调侃"当个的士司机还写什么写"的张汉军，认为微笑不仅是礼貌，而且首先是一种心态。他自制的情绪测试表表明，有些情绪不可避免，但要尽快地自我控制，不能听之任之。对一个的士司机这一点非常重要，因为焦躁的情绪会降低服务质量，并且容易导致交通事故。交通事故对的哥的姐好像瘟疫一般可怕。远离“瘟疫”、快乐工作其实并不难，至少不像想象的那么难。如果早晨起来情绪低落，张汉军就会换一件新衣服，打上最心爱的红领带出门。朋友或同事见了就夸：“哟，张哥，咋穿得这样帅啊！”虽然只是一句简单的玩笑，却足以让他心中那团阴郁的乌云消散。

要想搞好服务，把这小小的出租车经营得像家一样有声有色，就得有容人之心，要理解社会有多复杂，乘客就会有多复杂，形形色色，你得见怪不怪。一次上来一个小姑娘，约摸十五六岁的样子，半边胸脯露着，虽是夏天，可这也太凉快了。

大张说完“欢迎你乘坐顺强出租车”便赶紧转头直视前方，微笑依旧：“请问，到什么地方？”

女孩扭过脸来，大大咧咧地说：“怎么，看不惯吗？”

大张连忙调整笑容，收了一点点，以免对方把微笑误以为是讥笑。

“你是70后吧！”她问大张，“我们90后的女孩讲究时尚就得露双沟！”

双沟？他只听说过一种酒叫双沟大曲。

大张觉得挺新鲜，但绝不问啥叫双沟，免得不小心成了“色狼”。

女孩蛮不在乎地解释道：“前面要露乳沟，后面露股沟，就是屁股沟，这才叫时尚！”

见鬼，莫不是遇到“小姐”了，卖春的？

不像！年纪这么小，从穿着看家境挺富裕的。经聊天知道她是高三学生，学习成绩优秀。

弄明白了，不知为什么大张悄悄舒了一口气。

晚上的日记就写了这段故事，大张把这篇日记取名“代沟”，提醒自己“时代变了，要慢慢接受这种代沟”。

也巧，一个多月后他又遇到这女孩，她一眼认出了大张，露出很惊喜的表情：这大叔挺和蔼哦！更重要的是理解她，不像见到一个怪物那种反应，不是盯着看就是脸色紫胀怒不可遏……

不错，大张记得她读高三，学习成绩优秀，就更和蔼了。笑归笑，眼睛却还是不看她，直视前方，道：“哟，美女，还是那么时尚啊！”

亲切又不失态，然后又把话题转向学习啊，今后高考选什么专业啊等等。

女孩下车时连五元多零钱都不要了。“这点钱还找什么找！”掉转头来伸开两指做V形，“大叔拜拜！”

大张苦笑，聊天是为了大家高兴，不是为了多收那几元钱。可转眼间那女孩便连蹦带跳消失在大街的人群中。

18 示范效应

如果仅仅一个张汉军，那是不够的，远远不够。十个百个张汉军也不够——旅客的流动之家，应该是顺强出租车，是所有的而不是个别的或少数的，至少在90%以上。然而在潘华强那里看来应该是百分百，这种高饱和的比例好像是一种幻想，但是他认为没有这种追求，就不能从根本上改变出租车行业的现状。

他运用了放大效应，即行之有效的示范推广办法："一帮三，一带百"。"一帮三"就是一辆先进车带动三辆车，"一带百"就是每辆车每日对一百个顾客搞好服务，合起来就是每天有400名顾客感受到家的温馨。滚雪球效应便不断地把"两个家"的新理念传播到这个城市。

潘华强把这种计算方式称为"应用题、重在应用、重在实践”，他不信出租车行业的痼疾不会彻底改变。

其实这种示范效应早就开始实施，2005年，他已着手推行，初见成效后就全面、规模化地推广形成了“一帮三，一带百”的示范效应。统计表明，近年涌入先进行列的驾驶员递增率每年达5%。顺强公司三星级以上的驾驶员已高达百分之七八十。

潘华强是个注重实践的人。规定每个管理人员要管理好30辆车，还得有个副总开着督导车在大街小巷巡查，随时拦下顺强车作全面检查……他本人还不放心，隔三差五弃宝马而就顺强出租车，在街头随时拦辆车，以普通乘客的身份与驾驶员聊天并观察其反应，还检查车内设施是否符合标准等。对认识他的司机有言在先：“该咋服务就咋服务，现在我不是你们的老板，而是坐车的顾客”。他按标准要求，一丝不苟，不讲半点情面。临下车时掏钱付车费，司机吓得连连挥手，这哪成？怎么能让老板您付车费！潘董哈哈笑开了：“乘车付钱天经地义”，不仅按表价给足还多加钱。“使不得使不得，老板，你不是老教导我们不能乱收费么？这不是摆着让我犯错误吗？”这一招很灵，“以其人之道还治其人之身”！

潘董听得很认真，两道浓眉舒展开来，是欣慰的意思。

然而那钱还是塞了过来，不收也得收，在百元钞票上又重重地按了按，说："这不是车费，是公司给你的奖励"！

潘董的托付就在说完话的那一按中，要把出租车办成旅客的流动之家，得加把油啊！

这种老板"搭车"的故事很多，不少顺强的哥的姐都经历过，印象很深的！

潘华强给奖金自自然然，让驾驶员觉得归根结底还是自己做得好，不是受谁的恩惠，那心里就格外滋润！

这道理潘华强打小就懂。

那时家里养了一头牛，每天要割草喂牛，他爸在县里当医生，平时不在家，妈要忙家务，割草的任务就落在读小学的华强身上了。可巧，他最不喜欢割草，割一阵就腰酸背痛满头大汗。好在他是孩子王，十里八村的孩子都喜欢跟他玩，只听他一声吆喝，一群追随者就前呼后拥地跟着去了。"咱们玩个游戏吧！"华强说。"好呀好呀。"欢呼声四起。华强扔了一个石头滚下坡后说："看谁滚石头滚得最远，滚石头赢了就有奖。"奖，啥奖？大伙摸不清头脑，荒草乱石坡有啥奖？原来是每人割一把草"进贡"给胜者。欢声此起彼伏，好玩好玩！结果华强的石头滚得最远，一捧捧的草被欢天喜地地塞满他的背篓。玩也玩了，草也割了……可怎么老是华强赢呢？很简单，因为他爱动脑筋、找窍门呗！老玩这个游戏也腻味，又换了一个玩法，立个木桩，上

◎顺强，已成为全国出租汽车行业的一面旗帜。

置一石，站在远处以镰击石，击中者为胜，华强又是大赢家。哈哈，劳动变成了游戏，开开心心踩着夕阳下山，赢了的心满意足，输了的也兴高采烈。

奖励还真管用，它能激发人们内心的潜能！几十年后办出租车公司的潘华强，又忆起这段童年往事。浮现在眼前的是小伙伴们一张张稚嫩的如鲜花般绽放的面庞。当年获胜的是自己，现在不同了——获胜的是大伙，是顺强的每个员工。

其实，少年潘华强就懂得共赢。当他看见有的放牛娃只割了半篓草，愁眉不展，便慷慨地分些草给他，看着他撒着欢跑回家去，自己便有一种大大的满足感！

如今过了不惑之年的潘华强，最爱的是啥？是的哥的姐这些被称为社会底层的人，能够舒心地笑——他们的劳动得到老板的认可、社会的理解以及公平对待——从而打心底笑出来。

仅仅让自家老婆、孩子笑，算什么本事！

在公司示范效应的推动下，争先创优活动搞得如火如荼，打造旅客的“流动之家”成为每个驾驶员的自觉行动，像张汉军那样的优质服务也迅速普及开来。

奇怪，这“两个家”的行动一旦推广，的姐的胆子也变大了。袁莉以前拉过几次打群架的人，吓得要死，人家一下车她就踩油门飞快逃走，付不付钱都顾不上了。后来她变了，主动与他们搭话。曾有4个十五六岁的孩子上车，一落座就把西瓜刀亮出来，两尺来长，寒光闪闪，其一吼着：“今天老子要砍3个，刀刀见血！”袁莉说：“打架去？”语气尽量轻松，但却没人理睬她，只是催促她开快点，少管闲事！少管？他们的父母管不了，砍伤了人或被砍伤，父母可惨了，那就得交医院、法院管了！她就劝开了。从有一句没一句的答话中得知他们是收了钱替人打架的。袁莉心里一阵痛，说：“干啥都能赚到钱，为啥要拿命去换钱呢？万一出了人命你们一辈子都搭进去了……你们赶紧回去吧，别打啦！”

她从后视镜中看到有个男孩头垂下去，一副泄气的样子，她知道她的话起了作用，又谈到父母养育他们不容易，别再让他们受累了……4个孩子低声商量一阵，中途下了车。

袁莉不肯收他们的车费，孩子们不去打架了，比啥都好！但他们还是扔下钱走了。

望着孩子们的背影在路灯下渐行渐远，她的心里五味杂陈，好久没缓过神来。

不错，党员袁莉的车里有母爱般的温馨。

的哥施奎把家的温馨一路播撒。但凡见到流落街头的衣衫褴褛之人，他就停下车询问情况，掏钱给那人买盒饭，然后免费拉到收容所寻求帮助。这样的事多了，收容所都与他熟得很，见他来便打招呼："小施啊，又送来一个！"

这样贴钱贴时间的善事他做得心甘情愿。从小没了母亲，小施心疼那些无家可归的人。

小施认定，请他们上车那一刻就是接他们回家！

的姐谭敏认为，要想把这出租车营造成"家"，就得学会宽容。说得轻巧，宽容宽容，宽到哪里没个边啊！有一次两个醉汉在车上吵开了，一个要回家，另一个要再喝。小谭听见要再喝的那位说话舌头都直了，也帮劝，别喝了。那人怒火就朝她发泄过来："你个开车的有什么资格劝我？"被同伴拽下车后醉汉还不解恨，抡起皮包就把车窗玻璃砸了，哗啦啦碎玻璃溅了车厢一地。小谭咬紧嘴唇不吱声，心里气得真想扇他两耳光！她僵坐着，泪水在眼眶里打转。后来警察来了，一番调查后开了个证明，由保险公司赔付。当夜回家见到老公时小谭才“哇”的一声哭出来，“咋啦，又受气了？”老公问她。

其实小谭挺会说话的，只是面对醉汉不能开口，那是火上浇油啊！一次有个男乘客挑逗她，“美女，今晚别跑车了，去泡个脚陪陪我！”什么美女，灌我迷魂汤！平时老公老对小谭说：“你这模样，扔在大街上没人捡！”的姐上班又不允许化妆，离美女就更远了。“怎么样，一起去吧！”那男的催促道。车窗外大街灯影五光十色变换着，娱乐城、大酒楼、洗脚城一个个依次闪过。

“不好意思啊，没时间，忙着挣钱养家哪！”

一边把“养家”这两字提高声调还外加“啊”——拖得很长，一边踩油门加速。

“挣钱？没事，不就200块钱吗？”

“200块钱可不够，我一晚上也不止挣200元呢！”小谭故意挺自豪地回答。

男的不再坚持，这女的不上钩。

小谭有点得意，咱的姐不缺那点钱，不犯贱！再说，双方没撕破脸，就当是玩笑。

听有见识的老人说，以往有一部外国电影叫《罗马，不设防的城市》。小谭不明白啥叫“不设防”，反正的姐是设防的，开夜班尤其得设防，神经绷得紧，有时遇到动手动脚的男人连头皮都发麻！

深夜有男的在路边招手叫车，如果远远地就招手，没问题——停车。如果等车靠近才招手，对方还探头探脑地辨别司机是男的还是女的，可不能停车，危险！有的的姐就因为大意而遭害。

端着的士这碗饭，真的有风险！踩着风险还要送温暖、送温馨、营造家的感觉，可想而知难上加难了。

出租车是否办成了旅客的流动之家，当然不能由驾驶员自己说了算，得由公司把关，公司有相当严格的审核标准。

为此顺强成立了6人组成的办公室，专管一线，牵头的是副总王强。

王强原是顺强的一名普通驾驶员，的哥一个，却提拔到高管位置上，此事在公司轰动一时、成为佳话。

潘华强把普普通通的驾驶员破格提拔为副总，当然是有考虑的。这是示范效应，在公司工作出色，不仅奖金丰厚，而且还有很大的晋升空间。谁说咱出租车司机命中注定就是开车“伺候”人的，顺强重塑人生的大门正向你敞开。只要努力，蓝领可以变白领嘛！

王强做到了。的确，每个人的人生都可能出现华丽的转身。眼看着身边同事晋升成了领导，那些五星级、“刚毅号”的司机都开始摩拳擦掌，暗中叫劲。

为什么独独选了王强破格提拔？潘华强是有过一番掂量的。一、经验丰富。1998年进顺强前，王强先是开了几年公交车，后来又搞送车，就是帮汽车制造厂把成品车送达边远地区，多半是跑云贵川一带。那里山高路险，对驾驶技术和心理素质都是双重考验。由于对各种车型都熟，王强便很善于处理各类交通事故。比如与载重卡车撞了，责任归哪方，你要是懂，对方就蒙不了你。二、能直面困难。他的两部自买的出租车遇到意外，损失惨重，却不灰心，跌倒爬起来再干。潘华强暗叹：好一条硬汉子！于是帮他垫钱买车又帮他打赢了索赔的官司，两人由此成了无话不谈的知己。三、责任心强，勇于担当。提拔后的表现也证实了这点，他开着督导车没日没夜地在大街小巷检查，比当的哥时更辛苦。几百个日夜风里来雨里去，终于苦尽甘来，顺强在全市的车容车貌评比中蝉联桂冠。这两年的历练是潘董有意安排的，好马也要磨砺嘛！王强干得出色，当督导两年后就晋升为公司副总了。在的哥的姐眼中，王强是由的哥直接升了副总，其实有两年预备期，潘董是先放在磨刀石上磨过后才正式“亮剑”。

从的哥变成副总最难的是身份变了，还认不认以前的哥们？王强在工作中是不认的，一视同仁。该拦下查的照查不误，还特认真。查看是否统一着装，工作服整不整洁；座套是否按时更换，干不干净；绕车一圈仔细看车容车貌，若有刮痕、掉漆的，为啥不及时补好。别跟他套近乎、打马虎眼，他王强不吃这一套。若问题大的还要召到公司再检查，狠狠训一遍。

王强变了？没。到了下班时他的电话来了，嘿，哥们，晚上聚聚，到路边大排档喝两盅。又碰杯又拍肩膀哥们长哥们短的，你再大的牢骚也被王总的热情给融化掉了。

不错不错，王强当了官还认哥们，一点没变！人家干工作讲原则，该的，咱们得支持一把！

旅客的流动之家，有了王强这个管“家”的副总，潘华强就放心了，放开手让他干。

之后又给他加了担子，还管培训。王强不敢有半点懈怠，在副总的岗位上学会电脑，亲手编写教材，还上讲台给的哥的姐讲课。

在顺强像王强这样幸运的人，从的哥的姐变成公司白领的何止一个！截至目前已有6人。三人为众，有两个“众”——这是一条通过努力改变自身命运的康庄大道。这样，打造旅客的流动之家，便增添了源源不断的动力！

19 勇当第一

顺强提出的构建“两个家”人文化服务的运营模式，应归结为理念创新。创新是时代的主题。如果没有敢为人先的创新精神，顺强就无法实现跨越式发展。往大了说，假如没有各行各业、各条战线的创新式发展，怎么能够谈得上建设具有中国特色的社会主义社会呢？没有前例可以借鉴啊！

为打造中国一流出租汽车服务品牌，顺强公司在10年发展中不断推陈出新，推出10个“创新”：

（1）模式创新，推出出租车班费制公车公营新模式。

（2）理念创新，提出构建“两个家”人文化服务新理念。

（3）文化创新，推出顺强的士“八大文化工程”建设。

（4）服务创新，推行创星级服务车管理模式。

◎中央电视台《新闻直播间》专题报道顺强公司的成功经验（图片来源：电视屏幕截图）。

（5）战略创新，实施“规模化经营、员工化管理、市场化运作、国际化服务”四化战略。

（6）功能创新，创办十堰市第一个出租汽车服务站。

（7）文明创新，率先开展挂靠时期文明创建活动。

（8）思想创新，实施“三转变，一落实”。

（9）管理创新，推出分区制管理和“刚毅号”一带三模式。

（10）责任创新，争先担当社会责任。

别小看功能创新，以为不过是在十堰市办第一个出租汽车服务站，每天修几台车而已。那是1998年，十堰的奥拓车一夜之间全部换成了富康车，这是政府的规定，不容讨价还价。换成富康车后，城市形象得以明显提升。然而问题随之出现，修车难修车贵的弊端霎时凸显出来。因为全市只有一个富康车汽修站，等待维修的富康车排成长队，为插队而争吵甚至打架的事屡见不鲜。修车贵就不说它了，独此一家嘛。更要命的是天一黑富康车汽修站就关门，不营业。于是抱怨的、骂大街的、找市府投诉的随之而起。只有一个人在静观、思考。刚成立一个出租车公司，仅有38台车的潘华强，又在修车上看到商机。他正在为赚到第一桶金而欢欣鼓舞，尝到"敢第一个吃螃蟹"的甜头！当年拍卖中巴车，谁都不敢要，他东借西挪地凑了40万元，一下子竞拍到38台车的经营权，此举引发了爆炸式市场效应，第二天拍卖价涨到每台车七八万元。他从挂靠制赚到第一桶金，赚得盆满钵满！修车的商机乍现，他当机立断，在一周之内建成十堰市第一个富康车维修站。不难想见其生意的火爆，同时赢来赞誉！出租车公司叫好，为他们解决了奥拓车换富康车维修难的燃眉之急。市民竖起大拇指，出行打车更方便。政府满意，全市改换车型顺利，遇到瓶颈及时化解，社会秩序未受明显影响。

潘华强的这第二桶金赚得值！从来兼顾经济效应和社会效应的他找到了一条公司发展的康庄大道。

这个"第一"，即十堰市第一个出租汽车服务站，为他今后实施班费制、员工制奠定了基础。公司率先实

行免费修车，他有这底气。从而让顺强驾驶人员享受到其他出租汽车公司所没有的福利待遇。对公司而言，极大提升了市场竞争力。

不要小看这出租车维修站，在潘华强的管理学中它是不可或缺的一个组成部分。“1+3”，成为他的扩张战略。即从单一出租车经营向汽车维修、房地产和驻外省经济等多元化方向发展。这个“多元”好像多部引擎推动其快速赶超。加快形成引人注目的“顺强模式”。

“驻外省经济”，除了本部所在的十堰，他又在贵阳、成都、武汉等地开办分公司，充分利用地区差异以求发展。贵阳和成都同属西部地区，国家政策相对倾斜，顺强因地制宜地设立出租车公司，不但增加了经济收益而且同时探索了顺强模式的普世价值。

另外，兼做房地产开发，在设立分公司的地区，顺强都部署了房地产开发业务。在当年地价低廉时买入，现在已若干倍涨价的地皮使其资产快速增值。比如2004年在十堰北京路买地，当时那带地段还荒着，但潘华强看准了发展势头，认定那里将会变成繁华地区，以30万元一亩的价格拍下，随后地价翻着跟斗向上涨，现在一亩价已涨到1000万元，比买入价涨了30多倍。因此到2008年、2009年开发楼盘时，一下赚了好几个亿。

潘华强并不急于开发房地产，是对其开发时机有预估，心中有数，就采取静观其变的态度。更重要的是他

品牌力量 专业智慧

中国交通报

让中国桥梁更安

2012年4月12日 星期四 第5250期 今日8版 交通运输部主管 中国交通报社主办 1版

废除“二老板” 推行“员工制”

湖北十堰顺强公司创新出租车管理维护和谐劳动关系

◎资料来源：2012年4月12日，《中国交通报》头版对顺强模式进行深度报道。

始终坚持把出租车作为主业，围绕这个主业发展物业置业、汽配维修、驻外经济等。

在“1+3”中，这个“1”就是出租车产业，是放在首位的，潘华强表示：“宁让地荒5年，不让车脏一天！”他看重的是这个民心工程，把出租车做成回报社会的平台。努力将顺强公司打造成一个让政府放心、市民开心、司机安心的企业。

无论干什么都力求干成“第一”的潘华强，认为首先是得找准目标，一旦目标明确就全力以赴、绝不动摇。他的“全力以赴”，一般人不理解，是把吃饭、睡觉的时间都贴进去，是废寝忘食。有时半夜醒来又转开了脑子，白天想的问题断而又续，直到窗外发白，曙色悄然而至。他发觉这种持续性思考，犹如当年钻研数学题，答案只有一个，但找到答案的路却不止一条。顺向思维、逆向思维、换位思考等等，使用的方法多种多样，从而选出最佳方案。潘华强做到“第一”靠的是智胜，屡试不爽。

数学成就了他的缜密思维和过人的判断力，这得感谢他的父亲。在县医院当医生的父亲重视孩子的学习，不知为何，每次回到家里要求他在堂屋的棺材上做作业，华强战战兢兢，生怕棺材里跳出个鬼来。为了克服恐惧便强迫自己集中思想做作业，效果挺灵，在棺材上做题又快又好！在与“鬼魂”的对峙中，华强胆子大起来，同时又培养了对数学的兴趣。成绩一路领先，总是拿“第一”。

不过，谁能想到成绩的背后还有这样的“魔鬼”训练呢？鬼是不怕了，但对人还是有些怕的。小时候他的个子小，又瘦，一付羸弱的模样。免不了受大孩子的欺负。

上学的路很远，要穿过一个有很多孩子的大村子，仗着一个个头最大的“孩子王”撑腰，他们经常拦住路不让华强通过，他时常忍不住张嘴想哭。

终于有一天忍无可忍，“战争”爆发。

为了那顶他珍爱的帽子。爸爸给他买的火车头式的毛帽子——雷锋戴的那种。

在北风的呼啸中华强的头上还冒着热气呢，那帽子戴着又暖和又帅气，他一路小跑赶七八里山路去上学。

孩子王出现了，像从地下钻出来一样，两条胳膊张开，问：“上哪去？”

“上学。”

“哦，上学。”孩子王盯着那帽子笑了，露出一排大黄牙。

“不想迟到吧？”

华强摇摇头：“不想。”

“嗯，不想迟到就好！”孩子王把右手一伸，“把帽子留下！”

留下“买路钱”？——经常听说书人这么说，这次碰上了。

华强往后退了几步，不肯拿出帽子。

孩子王一个箭步逼过来，伸手抓住帽子，华强脑袋上的热气一下散光，赤着头任寒风掀乱头发。

“把帽子还给我！”

“做梦吧！”孩子王把帽子往头上一扣，转身就走。

“还给我，还给我！”华强嚎叫着，眼泪也流出来。

孩子王转过身晃了晃拳头，制止道：“你再喊，我可不客气了！”那排黄牙呲着，像要把他吃掉还不解恨哪！

凭什么呀！华强蹲下身捡起一块石头，要砸掉那排大黄牙！

孩子王大吼一声：“你敢！”话音未落那块鸡蛋大的石头就飞了过来。他踉跄几步站住了，眼睛瞪得溜圆，不敢相信眼前的事实。

眼看华强又捡起一块石头……

孩子王扔下火车头帽子转身就跑。两手抱着流血的脑袋哀号，“哎哟，别打了……”

华强捡回帽子戴上，真暖和。

从此华强成了孩子王。那个大黄牙领教了他的厉害，见到他不仅不敢再欺负，还凑上前讨好地笑：“华强，这书包挺重吧。”边说边把华强的书包揽过来帮他背。

孩子王被驯服，好像率部起义，大村子的孩子们再也不敢欺负路过的孩子了。

后来两个村子的孩子们玩在一起，成了好朋友。

不打不成交啊！

20 党员本色

参观潘华强的办公室很有意义。几乎与大多数大公司老板的办公室一样，特别宽敞、明亮。沿着门对面的墙排开长列玻璃书橱，前置一桌一椅，宽大的写字桌后是一个高背的可以自由旋转的皮椅。

但门口挂的标明身份的两块牌，却把他与绝大多数老板区别开来。其一为顺强公司董事长，另一张高居董事长之上——顺强公司党委书记。可见潘华强在自我身份的确认上是把党委书记放在第一位的。他更看重的是自己政治身份，而资产所有权在握的董事长身份谦逊地退居次席。

为什么如此看重党委书记这个职务？潘华强说得很明白，开门见山：因为我们国家是共产党领导的，共产党的宗旨是为人民服务，出租车行业是直接为民服务，

与党的宗旨完全一致。

只要能够结合出租车行业特色来践行党的理论，一定会使行业顺利发展，受到广大人民群众的欢迎！

——这就是潘华强的信念。

1998年成立的顺强公司，从挂靠制起步，党员有多少呢？寥寥几个人。到2003年党员人数增多就成立了党支部。随着党员人数增加升级为党总支。到2008年成立党委。

截至目前，顺强已有党员76名，对于一个中等规模的出租车公司来说，培养这么多的党员已属难得。重视发展党员队伍的潘华强是通过党员“一带三”的示范作用来实施扩增效应的。

“一带三”是倍增型的模式。把党员的优秀品质所体现的先锋作用以3倍的增速加以放大。这对于改变行业之风是十分奏效的。而在党员的哥李延军那里就不止是3倍增速了。有着20多年党龄的复员军人李延军是顺强无人不晓的优秀驾驶员。他是十堰市“五一劳动奖章”获得者，此奖得来不易，是通过全市出租车系统技能比赛拔得头筹得来的。比赛项目不少，比如抢答十堰著名景点、酒店啦，帮顾客提行李、背人啦，抢换轮胎啦——谁用的时间最短即获胜。李延军不到两分钟完成任务。所以套用老话来说，他是“又红又专”。对自己的先锋榜样作用有充分认识的李延军，把党委书记潘华强的

“一带三”发挥到“一带N”。同时他深知的哥的姐的脾性，谁都讨厌空口白话讲大道理，所以李延军的“带”是通过玩儿来实现的。玩儿？谁跟你玩儿？累死累活地开车，没那份玩儿的闲心！李延军号准了“累死累活”这脉，便在“累”上扎了一针——锻炼嘛。既锻炼又好玩儿地打开了羽毛球。开夜班车通常在凌晨两三点下班，这个时间正是精神头最足的时候，李延军就约同事到街头广场打羽毛球。空无一人的广场好停车，灯光又明亮， 是打球的最佳地点。最初是两辆车，后来扩大到20多辆车齐崭崭停成一线，但见多个羽毛球在空中穿梭，欢声笑语汇成一片，把偌大的广场搅得红红火火。有时巡警停下车观察一阵，见没事就笑着走开了。

要论输赢的话，李延军没有对手。他打的球又狠又刁，加之体力又好，几个人轮番上阵也打不赢他。人家在新疆当过几年兵，把身体炼成了“铁疙瘩”。往那一站，虽然个头并不高，却像座铁塔。

李延军体力强球艺高，但在与的哥的姐打起羽毛球来绝不三下五除二取胜，他遇强则强、遇弱则弱使对方打出兴趣。又不是比赛，打球为了开心嘛。这样深夜打羽毛球成为夜班司机的群体活动。

还有另一个开心的活动，打完球到路边摊吃夜宵。香喷喷的烧烤呀，热乎乎的面呀粉呀，吃得爽！平时说

◎看，又一批的哥的姐新党员在党旗下宣誓。

惯了嘴的牢骚、抱怨没了，真的没了——说那些多没劲儿！

打了个把月的羽毛球，什么颈椎病、腰椎痛的症状消失了，的哥的姐的职业病明显好转。爱漂亮的的姐放下筷子比腰身，妙呀妙，减肥见了效，光靠吃减肥药泻肚子不是个办法呀！

得感谢李大哥！大哥长大哥短地叫开了。

不说大道理的李延军就这么成了好榜样。人家李大哥做了多少好事，得了多少奖状，受了多少表彰，日子过得多么滋润……嘿，人家是有20多年党龄的共产党员呢！

打羽毛球的人越来越多，健康向上之风蔓延开来。不觉间心里的追求变了，好多人写了入党申请书。

要像李大哥那样活出个精彩！

这不，“一带三”递增为“一带N”。党委书记潘华强看得清楚，喜上眉梢而又冷静地把握分寸，既鼓励群众要求入党的积极性，又严格把关，不搞“一窝蜂”。党员“一带三”不止是李延军做得好，梁勇也做得好，还有其他也做得好的党员，不胜枚举。潘华强有序地把入党人数控制在每年5人或稍多一点。要有考验期，这样吸收的新党员在质量上才过硬。

党员的责任要落在实处。潘华强明确规定顺强公司的党员要在出租车上亮牌。公司的文明礼貌用语中，共产党员还必须特别加上一句：“我是顺强公司党员驾驶员，我承诺我的服务最棒！”“亮牌”亮的是共产党员对党的忠诚和信念。

对当下贪腐之风深恶痛绝的潘华强，“恶”的是少数干部这颗“老鼠屎”坏了一锅粥，使党的形象受到损害；“痛”的是人民的利益受到侵蚀从而在信念上出现某种危机。扭转此风不是靠发牢骚、抱怨，而是从我做起的实干。

“出租车是一种特殊的社会媒体。”潘华强说，他决心在四个轮子的媒体上树立党的良好形象。

顺强公司的近期目标是每辆车上有一名共产党员，

以便充分利用行业优势对社会产生正面影响，输入正能量。由于出租车流动性大，又是单车驾驶，一对一服务，其影响方式又区别于一般媒体，它更有亲和力，口口相传地影响一座城市的认知。说实话，老百姓有几个人认真读报呢？而随着生活改善打的的人有增无减。一名党员驾驶员每天接送顾客在100人次以上，一年就是36000人次，5年就是20万人次。也就是说他的直接影响率恐非其他方式可比。潘华强说，企业里党员最多影响他身边三五个或略多一点的人，对10个20个人则有很大的局限。而出租车覆盖的是一个大面积的、不固定的人群，因流动性大，影响的群众是不断更换的。因此，如果把出租车的党建抓好了，实际上是在大范围影响下树立良好的党的形象。在党委书记潘华强看来，这是他身之所依，心之所仰，生命之所托！容不得半点放松！

当一辆辆顺强公司车上响起党员亮牌声时，尽管声音不大，语气平和，却效果不凡。“我是顺强党员驾驶员，我承诺我的服务是最棒的！”顾客会感到这样的表白好新鲜！头一遭在出租车上听到，雷锋精神又回来了。“我的服务是最棒的！”对对对，顾客爱听这句话。这车收拾得干干净净，玻璃亮晶晶，座套洁白无暇……顾客满意地打量着这些，禁不住想，今天幸运，搭上了让人舒心的出租车——这才是顾客的流动之家啊！

到了目的地，驾驶员送上一句温馨的祝福：“请您把满意留下，把微笑带回家。”这是顺强公司的哥的姐的规范化礼貌用语，但同样，顾客或许会对家人、朋友说：“哦，我今天遇到一个好的士司机，他是共产党员……”

用潘华强的话说：我们开展“一帮三”，“一带百”活动有个过程，在刚开展活动时人们可能不习惯，以为是作秀，随着时间的推移，慢慢就习惯了就顺眼了——改变随之而来。

21 润物无声

“精卫填海”的精神鼓励着潘华强以出租车为载体参与社会管理。一座城市的社会管理不仅是市委书记、市长的事，同时也是每个市民的事。而为市民服务的出租车公司肩负的使命远远大于普通市民，顺强对此不敢有任何懈怠。

抓好出租车的服务质量，关键在于搞好党建工作，要放手发挥党员的先锋带头作用。相比而言，提高出租车驾驶员的待遇，使其无后顾之忧——重不重要？当然重要，这是基础嘛。“两个家”、“八大文化工程”活动重不重要？当然重要，提升驾驶员的基本素质，这是改善行业面貌的必要之举。假如当前的出租车司机还停留在“车夫”、拉黄包车的“骆驼祥子”的觉悟，城市的精神文明建设只会沦为一句空谈。出租车公司党建的必要性和迫切性就不难理解了。"火车跑得快，还得车头带。"没有车头就会迷失方向，更谈不上跑得快了！

顺强公司对党建的重视在各个方面都有所体现，比如每年招聘驾驶员时有四个优先：共产党员优先，退伍军人优先，大学毕业生优先，有文艺特长的优先。注意，"四个优先"中头一个就是党员优先，由此把党建的重要性鲜明地凸显出来。

从"两个家"、"八大文化工程"形成过程来看，最初还是为党建考虑的。可以说，党建是企业发展的动力源。比如说"两个家"，开始并不这么叫，称之为"的哥的姐党员之家"，把出租车建成流动的党员和顾客之家。后来闻名遐迩的"两个家"的理念，究其源头是从党员之家演变过来的。"八大文化工程"亦如此，初时叫党员书屋、党员艺术团、党员餐厅……后来发觉这样叫欠妥，面太窄，经反复推敲，正好这些理念符合公司的行业特色，所以就顺势推开了。一旦推开，规模不断扩大，演变成现在的"两个家"和"八大文化工程"。由此观之，潘华强始终把党建放在首位，以此带动企业发展。

现在推行的星级服务车模式也不例外，是从党员"一带三"转变而来，于是又放大到全公司，与党员"一带三"并列推出星级服务车，人人都有星级，从而使每个出租车驾驶员都有了赶超目标，有了奔个好前途的动力。

党员的模范带头作用带给了潘华强新思路。过去的老办法是：管理靠的是考核。但潘华强经过实践证明仅仅搞考核效果不理想，今天考核明天考核，考过来考过去，驾驶员面对的压力很大，在应试中累积的焦躁情绪找不到渠道发泄，与乘客间的关系就会变得紧张，导致服务质量下滑。

公司要改变僵硬的管理方式，将单靠考核促进服务质量变为奖励为主、考核辅之的新办法。考核应有度，多则滥，滥则伤——反而伤害了驾驶员的积极性，效果适得其反。

在党员的带头作用和星级晋升制度的双重激励下，管理进入了良性循环。顺强星级服务评选标准规定五星级评定是从二星级起步的。达到三星级就可以享受半价午餐，驾驶员实实在在得到好处，这个好处看得见、够得着，努把力便能到手。再努把力呢，四星级——享有吃免费午餐的待遇，也是通过努力就能达到的。一级一级往上走，步步高地推动服务质量不断提升。

一星级是什么概念？潘华强掰开手指说道，一星级驾驶员一般是受到顾客投诉，经查证落实，确实出了服务质量问题的，郑重对待星级服务的公司将其列为淘汰对象。末位淘汰制每年把15%的表现欠佳的驾驶员清出，腾出空间，以四个优先原则输入新鲜血液。每年一轮下来，队伍不断更新，驾驶员的素质一年比一年提高。

潘华强在人员进出的制度设计上下过功夫，为使末位淘汰制顺利实施，在签订合同上规定一年一签，被淘汰者不背被除名的黑锅，只是不再续约，避免了扯皮、闹事等风波。有的公司图省事一签五年，中途清退不合格员工时，双方闹得不可开交。

星级服务车模式和发挥党员的模范带头作用是互为促进的。搞好党建为啥？为人民服好务。星级服务车为的也是同一个目标：为人民服好务。有了星级服务车评定就把党员的模范带头作用凸显出来了。四、五星级的优秀驾驶员中党员所占比重是很高的。反过来评上四、五星级的非党员驾驶员，很自然的成为党委培养发展新党员的重点考察对象。在争当四、五星级驾驶员的热潮中，党委及时发现好苗子，促使其在搞好服务的基础上进一步确立更高的目标，全面提升精神追求，争当一名共产党员。

前面提到的梁勇就是成了五星级驾驶员后递上入党申请书，经过组织培养，成为一名共产党员的。

梁勇是2012年入的党。他以文艺特长被优先录取，潘董亲自面试、考核并录用。潘华强认为，梁勇是可以作为重点培养对象加以关注的，他受过磨炼的人生经历，有利于寻找今后的人生方向。多年在外漂泊，他奋斗过挣扎过拼搏过。万念俱灰地回到十堰，他什么都没有了——家庭、老婆，更不用说房子、车，失意而归当了一个的哥。没料到一个方向盘四个轮子的“玩意儿”，开着开着竟迎来了料想不到的春天。不错，他赚到的钱使自己过上小康日子了，这叫“无心插柳柳成荫”。梁勇恢复了信心，告别了“有意栽花花不成”的霉运。以前老想靠着音乐赚钱，钱却不肯进门。在以为与音乐断了缘分后，却在顺强艺术团找到了他的位子——敲架子鼓。每周都有排练，来参观的领导和外地同行听了乐队表演都惊讶地竖起了大拇指，没想到一个出租车公司还搞出这么棒的的哥的姐艺术团！他梁勇混得不比当年歌厅里差。

梁勇踏上人生新的起点。

“五一劳动奖章”是他重新开始优秀人生的标志。

条件已经齐备，梁勇在党旗下握拳宣誓，成为一名中共党员。

在潘华强的党建构想中，梁勇的入党是有明显带动作用的。果然，他的入党影响了一批人，以艺术团为主，还包括没参加艺术团但看过演出的，纷纷递上入党申请书。梁勇不仅靠架子鼓名闻顺强，更重要的是他的优质服务受到普遍赞誉。坐车的乘客感到惊讶，竟有这样既礼貌周到又能应对各类话题、能聊起对方浓厚兴趣的的哥！坐他的车简直是一种享受！年轻人谁不爱流行音乐，坐梁勇的车听的不是热闹，是门道！中老年听他

◎让我们一起放飞希望、放飞梦想，让和谐之花处处开遍！

天南地北的聊天有“坐游”之妙！下车时依依不舍，有那么点舍不得离家的感觉哦。

还有一个起模范带头作用的优秀党员施奎，这位“二七大罢工”卓越领袖施洋大律师的侄孙，继承了家传的优秀传统，以见义勇为的行动闻名遐迩。

路见不平，他“拔刀相助”。“叔爷把命都贴给了‘二七大罢工’，我这点见义勇为又何足挂齿呢？”他说。

但凡发现路上有流浪的老人，施奎就会停下车上前嘘寒问暖，并给老人买盒饭，待他吃饱后将他送往收容所。这类事多不胜数，收容所无人不熟。“又送来一个？”“嗯，挺可怜的……”有时收容所个别人觉得小施喜欢管闲事，有些烦他。但小施照送不误。对他来说，安顿一个流离失所的老人，心里的缺失就会填补一点儿。他的心里有一种刻骨铭心的痛，7岁时母亲因家贫改嫁，远去他乡，小施奎哭着找妈，多年后才得知母亲嫁到一个农民家。20岁时父亲去世，痛感没来得及报答父恩的他，从此心底滋生了一种对有家不能团圆的人的悲悯。这种悲悯持续发酵，入党后升华成一种社会责任：一座城市不能对流浪老人视而不见……

医院急诊室的医生护士也熟识他。一次，这个身材不高却身板结实的年轻人，手掌一路滴血而来，为他清理伤口的护士没好脸色地问：“打架啦？”施奎没答话，疼得把牙咬得咯咯响。缝针时，护士不给打麻药，疼也活该！让他尝尝流氓斗殴的苦头！跟随小施来的群众对护士说明情况，人家是见义勇为呢！

“见义勇为？”

群众七嘴八舌说开了，谁都抑制不住钦佩之情。

“是啊，人家是的士司机，撂下生意不做，救人呢！”

“看见五六个歹徒打一个人，打得在地上滚，谁都不敢劝……”

“哦！”护士听明白了，差点误会了这个年轻人。

“这年轻人停下车冲上前喊，五六个人打一个算什么本事！眼看一个歹徒把带着毛刺的半截啤酒瓶向倒地的那人脸上刺过去，幸亏这的哥眼疾手快夺过了啤酒瓶，喏，手受伤了……”

护士听罢赶忙找人来打麻药，而后缝了三针。

自始至终施奎没开口，没哼一声，手上裹了白纱开车走了。

有人叹道：一个的士司机，还真有金庸小说里的侠肝义胆！

施奎再次出现在医院急诊室却没了那次的从容镇定，急匆匆一阵风而来，边跑边喊：“快请外科医生！”护士闻声看去，差点没吓得闭过气，只见他手捧着半截血肉模糊的手指，那手指还颤颤地弹动着，像条奄奄一息的小鱼。见护士一脸疑惑，小施急得一跺脚，“耽误不得，救人要紧！”这才见到他身后跟着一个断指人，眉眼紧拧着，哼哼唧唧地捧着血流不止的手……

医生赶来了，把半截手指清洗消毒，将断指再接后，说：“幸亏及时来了，再耽搁就废了！”

后来得知，一辆皮卡撞倒了一辆拉猪肉的摩托车，疾驰而去。恰好小施路过，停下车扶起倒地的摩托车主，发现他血流不止的左手差了半截手指，小施“猫”着腰找呀找，寻了好一阵才在附近找到沾满灰尘的断指，急忙将人送来做手术……

他依然不留姓名，悄然而去。

此事传扬开来，多亏当地记者不辞辛苦地探访寻找，这才让不留姓名的好人浮出水面。最初的线索是目击者提供的：记得那是一辆顺强出租车……

顺强公司党委书记潘华强深感欣慰，这小施跟了自己十几年，从懵懂到开悟，入党了成熟了。

潘华强对施奎有一份特殊感情，这小伙子平时少言语，但关键时刻明大理识大局。潘董多次叮嘱他：有什么困难来找我！他没找过一次——十几年，谁会不遇到难事呢？几次要调他到公司来，可小施不肯，照样开他的的士，风里来雨里去……潘华强感叹之余心想：也好！优秀党员在第一线更有价值，榜样的力量对改变出租车行业的风气大有帮助。

施洋的大义凛然一身正气传承给了他的后辈，潘华强又将这种家风移植到顺强公司，对施奎予以重奖，且大力倡导、反复宣传。果然此风蔚然、遍地开花，见义勇为的事迹越来越多。那些从别的公司跳槽来的驾驶员尤其感动并感慨，在别的公司像施奎这种行为是要受罚的——谁要你多管闲事，该公安局管嘛！再说，把车弄脏了，血迹斑斑的，老板不答应。

顺强却相反，要的是在社会上树立正气。正气压倒那些不良风气，老百姓才能过上安生的日子！

附件

创“星”争优建“两家”

——党委书记潘华强2011年11月在湖北省委为民服务创先争优现场会的主题发言

十堰市顺强运业有限公司，是十堰市一家主营出租汽车客运的民营企业，公司现有出租车500多台，员工1000余名。

公司自成立以来，坚持以党建工作为统领，积极推进创先争优，以创“星级”服务为主题，以“把公司党委建成‘的哥的姐党员之家’、把出租车建成‘顾客的旅途之家’”为目标，充分发挥党组织战斗堡垒作用和党员的示范引领作用，打造出十堰出租汽车窗口行业、为民服务创先争优的靓丽品牌。

中共中央政治局委员、全国人大常委会副委员长、中华全国总工会主席王兆国同志称赞说：“顺强的经营模式和企业文化、职工文化建设做得很好，如果民营企业都这么做，我们的社会就更加和谐了。”

一、实施“党旗工程”，建“的哥的姐党员之家”

壮大党员队伍，夯实企业党建基础。公司于2003年率先在十堰出租汽车企业中成立了党团工会组织，把党的建设放在公司发展的重要议事日程上，坚持企业党建和企业科学发展同部署、同推进。党委高度重视党的组织建设和党员队伍建设，以家的温暖凝聚优秀员工，让优秀员工进入党组织大家庭，不断发展壮大党员队伍，力争实现“一辆车有一名党员”的目标。

丰富活动载体，增强员工归属感。公司党委针对出租车驾驶员工作单一、精神文化生活空乏等实际情况，累计投入1300余万元，坚持以“人性化、人本化、人文化”为主题，建设“党员书屋”、“党员网吧”、“党员娱乐室”、“党员艺术团”、“党员餐厅”、“党员培训中心”、“党员社保劳保工程”、“的士岛”等八大工程，进一步增强员工的归属感。

深化“双找双培”，增强党组织的吸引力。深入开展以“党组织找党员、党员找党组织”和“把优秀党员驾驶员培养成优秀人才和企业管理干部，把优秀驾驶员培养成党员”为内容的“双找双培”活动，不断增强党组织的凝聚力，使企业真正成为“的哥的姐党员之家”。公司还积极履行社会责任，为公益事业、贫困群

众等捐款200多万元，为结对村帮扶30余万元，实践创造社会财富、感恩报效社会的承诺。

二、开展创“星”服务，建“顾客旅途之家”

强化创“星”服务理念。引导党员驾驶员树立“我是党员，服务向我看齐”、“我是党员，我的服务最棒”等理念，为顾客提供最经济的线路、最安全的驾驶、最优质的服务，以理念创新，促使党员驾驶员把优质服务变成自觉行动。

规范“星级服务车”创建标准。明确党员驾驶员“星级”服务“十大标准”、“十大基本功”和“八大流程”，要求党员驾驶员在服务中亮明身份，公开承诺，做到热情服务、诚实守信、遵纪守法、安全驾车。设置1~5星不同等次的星级标识牌，根据考核评定结果，在出租车上亮出相应的星级标志，接受群众监督。

建立“星级服务”评价机制。公司党委实行日检查、月考核、季评定、半年总结授星的综合评价办法，对驾驶员实行评星授星。突出星级评定结果的运用，凡被授予四星、五星的党员驾驶员享受年终优先聘用、评先、免费午餐等待遇，五星级党员驾驶员和“刚毅号”驾驶员每月还获得公司300元的奖励。同时，年终被评为优秀党员的每人奖励1000元，被评为安全文明车组的每车奖励2000元。

三、拓展创争效应，创优质服务品牌

实施党员帮带活动，壮大优质服务团队。在每个出租车班组建立移动党小组，开展党员“一帮三”和“一带百”活动，在公司内部由一名党员驾驶员帮带三名普通驾驶员，在社会上一名党员驾驶员影响带动百名顾客，做到内帮外带。进一步增强党员驾驶员的荣誉感和责任感，壮大了优质服务团队，展示了公司“诚信博爱、顾客至上”的经营理念和文化内涵，树立了十堰人民良好形象。公司“刚毅号”党员车队，被中华全国总工会评为“全国模范职工之家”。

践行服务宗旨，激励党员争当模范。通过创“星”活动，使党员驾驶员自觉创“星”争“星”，形成比学赶帮、人人争当服务模范的浓厚氛围。2011年，公司涌现出拾金不昧、见义勇为等好人好事156件次，上交财物价值达30余万元。坚持7年在中考、高考期间免费接送路途较远、需要转车的考生，每年接送400多人次。

创新发展理念，促进企业发展。公司党委通过创先争优，不断创新发展理念，理清发展思路，推行“班费制”公车公营经营模式、“三转变一落实”等创新成果，助推企业快速健康发展。先后在贵州、成都等省市建立了顺强出租车连锁公司，固定资产增长到5.5亿元，年实现利税1000余万元。

十多年来，顺强公司从无到有、由小到大，并始终在激烈的市场竞争和改革浪潮中破浪前行，我们深深地体会到：一个企业的发展要想焕发出强劲而持久的生机与活力，必须要把党组织的政治优势转化为企业的市场竞争优势，把党的群众优势转化为凝聚企业员工的强大思想力量，把为民服务、创先争优内化为树立企业品牌形象的不竭动力。

点评：顺强模式是稳定行业、关爱员工模式，是民心工程模式。顺强运业以文化建设促创先争优，为全国创先争优创造了新鲜经验。

——中央创先办副主任　姜培茂

和谐员工制　幸福大家庭

——潘华强董事长2012年6月在全国出租汽车行业和谐劳动关系创建推进会的主题发言

十堰市顺强运业有限公司是一家主营出租汽车客运的民营企业，拥有出租汽车500多辆，员工1000余名，公司固定资产5.5亿元，年利税1200万元。近年来，顺强公司通过建设和谐企业文化，打造优秀企业品牌，特别是坚定不移地推行员工制公车公营模式，充分保障了员工权益，增强了员工幸福感，努力把顺强公司建成“的哥的姐之家”。中共中央政治局委员、全国人大常委会副委员长、中华全国总工会主席王兆国同志称赞说：“顺强的经营模式和企业文化、职工文化建设做得很好，如果民营企业都这么做，我们的社会就更加和谐了。”

一、创新经营模式，奠定和谐基础

顺强公司按照行业管理部门鼓励的公车公营改革方向与贯彻落实劳动法律法规的要求，加大资金投入，理顺经营权归属，创新经营模式，确定劳动关系，为建设和谐企业奠定了坚实基础。主要做了三个方面的工作：

一是投资主体由个体向企业转变，稳步推进公车公营改革。公司确立了“规模化经营、员工化管理、市场化运作、国际化服务”的“四化”发展战略，带头支持政府改革措施，先后投入1000余万元收购个体出租汽车，投入380万元补偿原承包车主，实现了投资主体由个体向企业转变、经营方式由个体承包向公车公营转变。由于投资补偿到位，转变过程中未引起行业不稳定事件，并奠定了公司进一步做大做强，和谐发展的良好基础。

二是创新员工制管理模式，从机制上理顺劳资关系。2005年，顺强公司正式推出“员工制管理、班费制经营”公车公营模式，取消承包人作为“二老板”的中间环节，车辆产权和经营权均由公司全额投资，公司直接与驾驶员签订员工制劳动合同，并将驾驶员保证金由6万元降为1万元，营运班费由每天330元降为248元，车辆维修费、检测费等各种税费和经营风险、安全风险全部由公司承担。通过“员工制管理、班费制经营”模式，驾驶员成为公司的主人，收入水平和社会地位得到双重提高 。

三是完善员工制管理配套制度，闯出经营管理新路。公司通过建立完善相关配套制度，进一步深化员工制管理，创新推出“三个彻底”，即：彻底实现企业为唯一的投资主体，坚决清退高额押金；彻底推行一个合同版本，无论是公司驾驶员还是原车主优先承包人聘请的驾驶员，都视为公司员工享受同等福利待遇；彻底摒弃以包代管的陈旧观念，建立单车对口管理服务体系，从机制上维护了出租汽车驾驶员的权益。

二、创新文化建设，构建和谐家园

“诚信博爱、福祉众生、顺物长新、和谐图强”是顺强的核心文化理念。为建设功能齐全、特色鲜明的文化阵地，我们提出了以创建“的哥的姐之家、顾客旅途之家”为主题的文化建设，努力创优人本化服务，与顾客共享美好旅程，打造全国一流服务品牌。

一是实施“八大文化工程”建设，把顺强建成“的哥的姐之家”。2009年，我们投入1500万元加强基础建设，启动了顺强的士文化八大工程，包括：“的哥的姐书屋”、“的哥的姐网吧”、“的哥的姐娱乐室”、“的哥的姐艺术团”、“的哥的姐餐厅”、“的哥的姐培训中心”、“的哥的姐社保劳保工程”和“的士岛”。通过八大文化工程建设，满足了员工文化需求，提高了员工综合素质，也使员工自觉把公司当成自己的家那样去爱护，和公司同心共长、和谐发展。

二是实施“星级服务车”管理模式，把出租汽车建成“顾客的旅途之家”。2010年，公司又全面启动了“星级服务车”管理模式，创新推出星级服务“十大标准”、“十大基本功”、“八大服务流程”等一系列创星规范，并坚持日检查、月考核、季评定、半年总结授星，每名优秀驾驶员奖励1000元，每个安全文明车组奖励2000元，把服务质量与出租汽车驾驶员的切身利益挂起钩来，激励驾驶员提升服务质量，为顾客创建旅途之家。

三、创新活力机制，助推和谐发展

一是党群共建形成合力。2003年，顺强公司率先成立了非公企业党组织和工会组织。2009年，顺强公司出租汽车党支部工会与市运管处机关党支部工会开展结对共建，把企业党工组织建成“党员之家、人才之家和员工之家”，每月定期开展活动，较好地发挥了运管部门与企业党员员工互动交流作用。公司党、工组织找准切入点，每年与市总工会、市交通运管部门联合举办“顺强杯”职业技能大赛、“礼仪行天下”大赛、“文明我先行”演讲大赛等文化和劳动竞赛活动，较好地树立了优质服务的品牌形象。2010年4月，顺强公司“刚毅号”优质服务车队被中华全国总工会授予“全国模范职工之家”称号。同时，我们注重从优秀驾驶员中发展党员、培养选拔管理干部。2011年，从出租汽车驾驶员中选拔管理人员6人，发展党员12人。这些外监督、内激励的双向措施，成为顺强员工你追我赶、争当服务明星的驱动力。

二是完善制度有效激励。我们将出租汽车驾驶员划分为10个分区，35个工会小组，由公司管理人员兼任分区主任，把8小时服务延伸到24小时服务，并把分区车辆文明创建和质量信誉考核情况作为每月对分区主任奖惩的重要依据，使文明创建工作进分区、到班组、落人头，全面提升行业服务质量。公司还先后建立和完善了30多项管理制度，其中：《好人好事即时奖励制度》让做好事的驾驶员在公司当场得到奖励；《驾驶员诉求接待制度》让驾驶员的诉求及时得到受理解决；《休息休假制度》明确规定驾驶员每月至少休息4～8天。这些制度较好地发挥了员工激励作用和组织保障作用。仅2010年以来，公司先后涌现出刚毅号、雷锋号和五星级驾驶员53人，荣获市级以上“五一劳动奖章”4人，涌现出拾金不昧、见义勇为等好人好事379件次，上交现金15万元，上交财物价值达130余万元；每年免费接送400多名路途较远乘车不便的中、高考考生。

三是保障权益稳定队伍。公司建立了定期开展工资协商、目标协商的“双向协商”制度，每年年底与驾驶员签订班费制合同之前，先邀请驾驶员代表座谈，摊开账本，就班费、社会保险及工资问题进行对话，员工向公司谈工资，公司向员工提目标。2010年元月，企业通过与工会集体协商的方式，将每天班费下调12元。与此同时，我们按照上级工会和劳动部门要求，制定出台了工资集体协商办法，对公司工会发出的《工资集体协商要约书》给予及时回复，近期正在筹备召开工资集体协商会议，就改变工资发放方式、意外保险、午餐补助等事项进行协商谈判。

四是劳资双赢共同发展。我们一直视员工为企业发展的最宝贵资源，坚持关心员工、尊重员工、依靠员工。2009年初我们启动“的哥的姐社保劳保工程”，及时落实驾驶员社保金，并免费为出租汽车驾驶员按季节发放工装、棉袄，按月发放毛巾、手套、保洁等劳保用品，车辆安装先进科技管理及GPS安全设备。此外，我们在市内建了三家的士餐厅，凡被授予五星、四星的驾驶员可享受免费午餐，三星级驾驶员享受半价午餐，这样既方便了员工，又起到了激励员工的作用。2010年以来，我们每年投入200万元用于职业培训。公司还编写了员工内训教材，加入了中国最大的培训教育集团在线商学院，请国内外专家教授授课，让的哥的姐人人可以享受大学教育。这些具体的关怀措施，使公司产生了巨大的向心力和凝聚力。公司先后被授予湖北省“五一劳动奖状”、湖北省“交通运输行业文明示范窗口”、湖北省“劳动关系和谐企业”、“全国模范职工之家”等荣誉称号。2012年，公司党委被授予“全国先进基层党组织”。

在顺强运业从无到有、由小到大的发展过程中，

我们深深地体会到：一个企业的发展要想焕发出强劲而持久的生机与活力，必须坚持经济效益和社会效益相结合，必须坚持以人为本，始终把尊重员工、关心员工、培养高素质员工放在企业发展的首位，让员工真正成为企业的主人，才能增强员工的荣誉感、责任感和归属感，才能真正调动员工的积极性和创造性，为企业和社会创造更多更大的财富！

深化员工制　和谐大家庭

——潘华强董事长2014年3月在湖北省出租汽车管理创新与发展现场会上的主题发言

十堰市顺强运业公司是一家主营出租汽车客运的民营企业，拥有出租汽车600多辆，员工1500余名，公司固定资产8.5亿元，年利税1200万元。

多年来，顺强运业秉承把公司建成“的哥的姐之家”、把出租车建成“顾客旅途之家”的“两家”理念，创新企业文化建设和星级服务管理，特别是坚定不移地废除“二老板”、推行“员工制”，打造出优秀企业品牌，为行业经营管理闯出一条新路。受到中央及三部委领导的高度肯定，交通运输部副部长冯正霖说：“顺强运业创新员工制模式，创建和谐劳动关系，为全国出租汽车行业健康稳定发展竖起了标杆。”

三年来，先后荣获“全国先进基层党组织”、“全国五一劳动奖状”、“全国领袖品牌50强”、“全国和谐劳动关系先进企业”等6项国家级殊荣。接待来自全国20多个省市的专家和同行300多批次、6000多人次。

2013年以来，我们又加大改革力度，推出了全新的

员工制升级版。具体做法如下:

一、模式升级，激发活力

2005年我公司推行的员工制公车公营模式，实现了投资主体、经营方式、司机身份的三大转变，但仍存在劳动关系不明晰、工资制度不规范、社会保险不到位、油费支付不合理等“十大”弊端。

为此，2013年，我们创新推出了员工制升级版，深化工资、社保、用工等三大改革。

一是驾驶员工资由原来从班费、燃油费之外所得，改为由公司为驾驶员发工资、奖金，燃油费、维修费等所有税费全部由公司承担。

二是为驾驶员办理全额社会保险，保项由“两险”提高到“五险”，社保金由过去的250元/月提高到今年的680元/月，让驾驶员病有所医、老有所养。

三是规范劳动合同管理，将过去签订的驾驶员营运服务合同全部改为规范的劳动合同，彻底理顺劳资关系。

通过深化改革，探索出员工更体面、企业更和谐、行业更稳定的员工制升级版活力机制，让驾驶员生活有保障、精神有寄托，自觉地把公司当成自己的家那样去爱护，实现了企业与员工、企业与社会的和谐稳定、繁荣发展。

二、制度升级，竞进激励

我们围绕“两家”理念，推出了“制度升级，竞进激励”的改革思路。

一是升级星级服务管理模式。实行日检查督导、月考核通报、季讲评调班、半年授星亮星新机制。

二是建立目标考核兑现机制。把素质教育和应试教育结合起来，每月底将驾驶员星级服务考核得分张榜公布，对五星级、四星级实行当月奖励、享受出国出境旅游等待遇；对服务较差的驾驶员，实行15%末位淘汰。

三是实施“接地气”服务模式。公司在加气(油)站设立顺强服务区，为驾驶员提供饮水、休息、洗车、更换座套、督导检查等服务功能，公司变路面督查为站点服务、关爱督导，司机变被动检查为主动上门展示。

四是创新“三现”评价体系。公司管理人员和聘请的社会监督机构到现场、进现车、问现客，为司机评价打分。

五是推行智慧服务。我们率先推出刷卡支付、随车wifi、二维码扫描等便民服务和文化传播功能；建立QQ群和微博微信等信息快车平台，供驾驶员即时浏览公司快报，便于公司及时了解驾驶员思想动态和营运状况。

三、文化升级，凝心聚力

围绕文化升级，公司推出了品牌形象工程、午餐福利工程、激励奖励工程、的士文化工程、素质教育工程、培优扶优工程、关爱帮扶工程、社保劳保工程等新的八大文化工程建设。

午餐福利工程。我们为五星、四星级服务明星和白班驾驶员提供免费午餐等福利，解决驾驶员就餐难、洗车难、午夜休息难等新三难问题。

激励奖励工程。我们建立了安全生产奖、优质诚信奖、好人好事奖、宽容服务奖、才艺专长奖、劳模标兵奖、见义勇为奖、文化活动奖等奖励制度，实行月月有奖励、年年有典型。

的士文化工程。我们进一步延伸“八大文化两个家”工程建设，丰富九大车厢文化，推出各类演讲、音乐、书画、创意、技改、文体等十大才艺专长小组，坚持每周活动、人人参与。

培优扶优工程。我们注重每年优先录用五星级驾驶员、党员驾驶员、大学生驾驶员、复退军人驾驶员和才艺专长驾驶员，注重把驾驶员培养成专业能手、把优秀驾驶员培养成人才、党员和干部。

关爱帮扶工程。我们实行驾驶员带薪休假制度，每月休息4～8天；开展进车厢、送温暖、帮贫困等驾驶员关爱活动，为驾驶员家属创业提供借款扶持。

通过新八大工程，让员工在日积月累中提高素养，在言谈举止中传播文明，在举手投足间彰显魅力，在诚信服务中享受快乐，在尊重乘客时得到乘客尊重。

四、服务升级，彰显魅力

2013年以来，公司提出了“送好最后一百米、说好最美一句话、留下最美一微笑”新理念，用过硬的服务彰显品牌魅力。

1. 推出“八美服务”。公司向驾驶员提出了车厢美、行驶美、语言美、营运美、服务美、提醒美、帮助美、礼仪美等“八美服务”新目标，在驾驶员中形成了争星创优的浓厚氛围，创造出顺强出租车连续两年零投诉的记录。

2. 推行“宽容服务”。针对牢骚乘客、醉酒乘客、票务纠纷等“飞单”现象，公司及时推出“宽容服务”，倡导“宽容他人、快乐自己”的理念。公司设立了“宽容服务奖”，为驾驶员减轻了压力、规避了风险。2013年我公司为驾驶员补贴“飞单”费用2万余元。

3. 坚持开展“顺强杯”行业技能大赛、文明我先行演讲大赛、道德讲堂等文化和劳动竞赛活动，有效激发了顺强员工你追我赶、争当服务明星的驱动力。

2013年以来，员工王进军等4人荣获市级“五一劳动奖章”，谭敏等5人荣获省级以上先进个人。今年元月，顺强艺术团团长、五星级驾驶员梁勇被评为“湖北好人”，并入选“中国最美的哥”。

改革增活力，实干闯未来。我们将不断创新，深化服务能力，增强品牌效益，为实现“五个交通”和出租汽车行业健康稳定发展肩负更大的责任，作出更大的贡献！